W0255399

J. L. Encarnação · Ch. Hornung · U. Osterfeld (Hrsg.)

Telekommunikationsanwendungen für kleine und mittlere Unternehmen

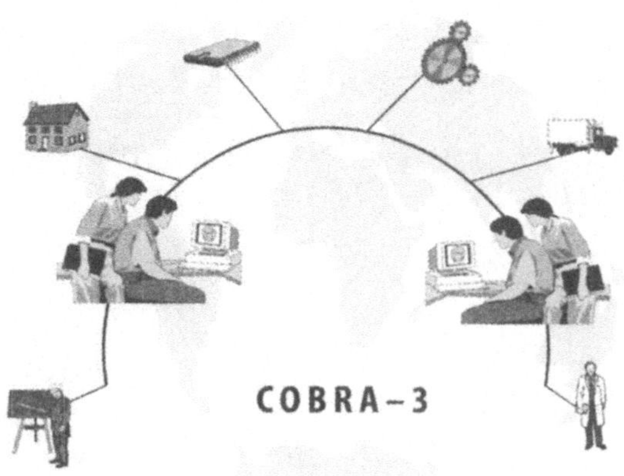

Springer-Verlag Berlin Heidelberg GmbH

J. L. Encarnação • Ch. Hornung • U. Osterfeld (Hrsg.)

Telekommunikations- anwendungen für kleine und mittlere Unternehmen

Mit 46 Abbildungen

Springer

Professor Dr.-Ing. Dr. h.c. Dr. E.h. José Luis Encarnação,
Dr.-Ing. Christoph Hornung,
Dipl.-Ing. Utz Osterfeld
Fraunhofer-Institut für Graphische Datenverarbeitung, IGD
Wilhelminenstraße 7
64283 Darmstadt

Die deutsche Bibliothek - CIP-Einheitsaufnahme
Encarnação, José :
Telekommunikationsanwendungen für kleine und mittlere Unternehmen /
José Luis Encarnação ; Christoph Hornung ; Utz Osterfeld.- Berlin ; Heidelberg ;
New York ; Barcelona ; Budapest ; Hongkong ; London , Mailand ; Paris ; Santa Clara ;
Singapur ; Tokio : Springer 1996
ISBN 978-3-642-80326-0 ISBN 978-3-642-80325-3 (eBook)
DOI 10.1007/978-3-642-80325-3

NE: Hornung, Christoph; Osterfeld, Utz

Softcover reprint of the hardcover 1st edition 1996
Additional material to this book can be downloaded from http://extras.springer.com

Herstellung: PRODUserv, Springer-Produktions-Gesellschaft, Berlin
Satz: Reproduktionsfertige Vorlage des Autors
Umschlaggestaltung: de'blik, Berlin
SPIN: 10550112 62/3020 - 5 4 3 2 1 0 - Gedruckt auf säurefreiem Papier

Vorwort

Die vorhandene flächendeckende Digitalisierung der Telekommunikationsnetze bietet eine hervorragende Infrastruktur, um innovative Kommunikationsdienste in kleinen und mittleren Unternehmen zum Einsatz zu bringen. Das vom Fraunhofer-Institut für Graphische Datenverarbeitung initiierte Vorhaben COBRA (Cooperation within Bureau, Research and Administration) erprobt eine große Anzahl von solchen Kommunikationsdiensten sowohl in kleinen und mittleren Unternehmen als auch in den beteiligten elf Fraunhofer-Instituten, um die in den verschiedenen Anwendungsbereichen gesetzten Ziele schneller und effektiver erreichen zu können. Die Nutzung dieser neuen Dienste geht einher mit dem Einsatz innovativer Verfahren und neuer Techniken.

Durch das Zusammenbringen sehr unterschiedlicher Anwendergruppen aus den Bereichen Logistik, Maschinenbau, Elektronik, Ausbildung, Information und Überwachung sowie Medizin konnten Synergieeffekte bei der Auswahl der benötigten Dienste genutzt werden, indem diese übergreifend in allen Anwendungen eingesetzt werden. Dabei wurde in einigen Bereichen auf Ergebnisse aus anderen Projekten der Deutschen Telekom AG zurückgegriffen. Die überregionale Kommunikation zwischen den Projektpartnern nutzt das Schmalband-ISDN der Telekom.

Die Betreuung des COBRA-Projektes wurde der DeTeBerkom GmbH, einer Tochter der Deutschen Telekom, übertragen. Die DeTeBerkom verfügt in allen für die Durchführung von COBRA relevanten Bereichen über fundierte Kenntnisse und stellt damit sicher, daß Parallelentwicklungen vermieden und aktuelle technologische Entwicklungen bei den Arbeiten in COBRA berücksichtigt werden.

Die bisher vorliegenden Teilergebnisse ermutigen alle Beteiligten, den eingeschlagenen Weg fortzusetzen.

Bonn, August 1996

Wilhelm Peter Ottenbreit
Fachbereichsleiter Forschung bei der Deutschen Telekom AG

Inhaltsverzeichnis

Autorenverzeichnis

Dipl.-Phys. Andreas Abele
Fraunhofer-Institut für
Produktionstechnik und
Automatisierung, IPA
Eierstraße 46
D-70569 Stuttgart
Tel.: 0711/970-1812
Fax: 0711/970-1004
Email: abele@ipa.fhg.de

Dr.-Ing. Hans-Josef Ackermann
Fraunhofer-Institut für
Graphische Datenverarbeitung, IGD
Wilhelminenstr. 7
D-64283 Darmstadt
Tel.: 06151/155-151
Fax: 06151/155-199
Email: ackerman@igd.fhg.de

Dipl.-Inform. Gottfried Bonn
Fraunhofer-Institut für
Informations- und
Datenverarbeitung, IITB
Fraunhoferstraße 1
D-76131 Karlsruhe
Tel.: 0721/6091-301
Fax: 0721/6091-413
Email: bo@iitb.fhg.de

Dipl.-Inform. Elmar Borgmeier
Fraunhofer-Institut für
Graphische Datenverarbeitung, IGD
Wilhelminenstr. 7
D-64283 Darmstadt
Tel.: 06151/155-235
Fax: 06151/155-480
Email: borgmeie@igd.fhg.de

Ass. Andreas Burblies
Fraunhofer-Institut für
Angewandte Materialforschung, IFAM
Lesumer Heerstraße 36
D-28717 Bremen
Tel.: 0421/6383-183
Fax: 0421/6383-190
Email: bur@ifam.fhg.de

Dipl.-Inform. Fernando Chaves
Fraunhofer-Institut für
Informations- und
Datenverarbeitung, IITB
Fraunhoferstraße 1
D-76131 Karlsruhe
Tel.: 0721/6091-509
Fax: 0721/6091-413
Email: chaves@iitb.fhg.de

Jörg Dieckow
Fraunhofer-Institut für
Produktionsanlagen und
Konstruktionstechnik, IPK
Pascalstraße 8-9
10587 Berlin
Tel.: 030/39006-141
Fax: 030/3930246
Email: joerg.dieckow@ipk.fhg.de

Dr.-Ing. Gabriele Englert
Fraunhofer-Institut für
Graphische Datenverarbeitung, IGD
Wilhelminenstr. 7
D-64283 Darmstadt
Tel.: 06151/155-135
Fax: 06151/155-199
Email: englert@igd.fhg.de

Dr.-Ing. Dietmar Fischer
Fraunhofer-Institut für
Arbeitswirtschaft und
Organisation, IAO
Nobelstraße 12
70569 Stuttgart
Tel.: 0711/970-2012
Fax: 0711/970-2299
Email: dietmar.fischer@iao.fhg.de

Dipl.-Ing. Andreas Gücker
Fraunhofer-Institut für
Produktionstechnik und
Automatisierung, IPA
Eierstraße 46
D-70569 Stuttgart
Tel.: 0711/970-1880
Fax: 071/970-1004
Email: guecker@ipa.fhg.de

Dipl.-Inform. Helmut Haase
Fraunhofer-Institut für
Graphische Datenverarbeitung, IGD
Wilhelminenstr. 7
D-64283 Darmstadt
Tel.: 06151/155-121
Fax: 06151/155-199
Email: haase@igd.fhg.de

Dipl.-Inform. Klaus Heinz
Fraunhofer-Institut für
Graphische Datenverarbeitung, IGD
Wilhelminenstr. 7
D-64283 Darmstadt
Tel.: 06151/155-137
Fax: 06151/155-199
Email: heinz@igd.fhg.de

Dr.-Ing. Christoph Hornung
Fraunhofer-Institut für
Graphische Datenverarbeitung, IGD
Wilhelminenstr. 7
D-64283 Darmstadt
Tel.: 06151/155-230
Fax: 06151/155-480
Email: hornung@igd.fhg.de

Dipl.-Inform. Werner John
Fraunhofer-Institut für
Graphische Datenverarbeitung, IGD
Wilhelminenstr. 7
D-64283 Darmstadt
Tel.: 06151/155-238
Fax: 06151/155-480
Email: john@igd.fhg.de

Dipl.-Inform. Matthias Kloth
Fraunhofer-Institut für
Materialfluß und Logistik, IML
J.-von-Fraunhofer-Straße 2-4
D-44227 Dortmund
Tel.: 0231/9743-201
Fax: 0231/9743-234
Email: koth@iml.fhg.de

Dr. rer. nat. Eckhard Koch
Fraunhofer-Institut für
Graphische Datenverarbeitung, IGD
Wilhelminenstr. 7
D-64283 Darmstadt
Tel.: 06151/155-147
Fax: 06151/155-444
Email: ekoch@igd.fhg.de

M. A. Claudia Köhler
Fraunhofer-Institut für
Materialfluß und Logistik, IML
J.-von-Fraunhofer-Straße 2-4
D-44227 Dortmund
Tel.: 0231/9743-459
Fax: 0231/9743-234
Email: koehler@iml.fhg.de

Dipl.-Inform. Rüdiger Kottkamp
Fa. ProTec,
Hauert 20
D-44227 Dortmund
Tel.: 0231/9750-5054
Fax: 0231/979446

Dipl.-Ing. Roland Lehmann
Fraunhofer-Institut für
Betriebsfestigkeit, LBF
Bartningstraße 47
64289 Darmstadt
Tel.: 06151/705-271
Fax: 06151/705-214
Email: lehmann@lbf.fhg.de

Dipl.-Ing. Rainer Malkewitz
Fraunhofer-Institut für
Graphische Datenverarbeitung, IGD
Wilhelminenstr. 7
D-64283 Darmstadt
Tel.: 06151/155-427
Fax: 06151/155-444
Email: malkewit@igd.fhg.de

Dipl.-Inform. Adérito Marcos
Fraunhofer-Institut für
Graphische Datenverarbeitung, IGD
Wilhelminenstr. 7
D-64283 Darmstadt
Tel.: 06151/155-238
Fax: 06151/155-480
Email: marcos@igd.fhg.de

Dipl.-Ing. Utz Osterfeld
Fraunhofer-Institut für
Graphische Datenverarbeitung, IGD
Wilhelminenstr. 7
D-64283 Darmstadt
Tel.: 06151/155-151
Fax: 06151/155-199
Email: osterfel@igd.fhg.de

Dr.-Ing. Volker Paul
Fraunhofer-Institut für
Biomedizinische Technik, IBMT
Ensheimer Straße 48
D-66386 St. Ingbert
Tel.: 06894/980-300
Fax: 06894/980-400
Email: vpaul@ibmt.fhg.de

Dipl.-Inform. Markus Simmer
Fraunhofer-Institut für
Materialfluß und Logistik, IML
J.-von-Fraunhofer-Straße 2-4
D-44227 Dortmund
Tel.: 0231/9743-409
Fax: 0231/9743-234
Email: simmer@iml.fhg.de

Dipl.-Inform. Dietmar Storck
Fraunhofer-Institut für
Graphische Datenverarbeitung, IGD
Wilhelminenstr. 7
D-64283 Darmstadt
Tel.: 06151/155-418
Fax: 06151/155-444
Email: schoko@igd.fhg.de

Dr.-Ing. Rainer Ulrich
Fraunhofer-Institut für
Integrierte Schaltungen, IIS
Am Weichselgarten 3
D-91058 Erlangen
Tel.: 09131/776-363
Fax: 09131/776-399
Email: ulrich@iis.fhg.de

Dipl.-Inform. Sigrid Wenzel
Fraunhofer-Institut für
Materialfluß und Logistik, IML
J.-von-Fraunhofer-Straße 2-4
D-44227 Dortmund
Tel.: 0231/9743-237
Fax: 0231/9743-234
Email: wenzel@iml.fhg.de

Dipl.-Inform. Andreas Wiener
Fraunhofer-Institut für
Graphische Datenverarbeitung, IGD
Wilhelminenstr. 7
D-64283 Darmstadt
Tel.: 06151/155-135
Fax: 06151/155-199
Email: wiener@igd.fhg.de

Dipl.-Inform. Peter Wolf
Fraunhofer-Institut für
Materialfluß und Logistik, IML
J.-von-Fraunhofer-Straße 2-4
D-44227 Dortmund
Tel.: 0231/9743-150
Fax: 0231/9743-234
Email: wolf@iml.fhg.de

1 COBRA-3: ein strategisches Projekt der FhG und der DeTeBerkom

Wir stehen heute an der Schwelle zur Informationsgesellschaft, die aus technologischer Sicht durch die Integration von Datenverarbeitung und Telekommunikation gekennzeichnet werden kann. Die Verbindung von Kommunikation und Datenverarbeitung auf multimedialer Basis eröffnet in der Arbeitswelt neue Möglichkeiten der Kooperation und für alle Bereiche des täglichen Lebens einen Markt für Teledienstleistungen jeglicher Art.

Durch die Verfügbarkeit preiswerter digitaler Telekommunikation für jedermann wird die Nutzung dieser Teledienstleistungen zunehmend Verbreitung erfahren. Dies wird gerade in kleinen und mittleren Unternehmen zu einem generellen Wandel von teuren Investitionen und Pflege hin zur komfortablen Nutzung von Ressourcen und Dienstleistungen (service on demand) führen. Die dazu notwendigen Mechanismen sind Fernzugriff auf Ressourcen und Vermittlung von Ressourcen und Dienstleistungen sowie Trainings- und Informationssysteme und allgemeine Werkzeuge der computerunterstützten Kooperation.

In COBRA-3 (Cooperation within Bureau, Research and Administration), einem strategischen Projekt der Fraunhofer-Gesellschaft und der DeTeBerkom GmbH, einer 100%igen Tochtergesellschaft der Deutschen Telekom AG, werden durch Integration dieser Mechanismen und Werkzeuge neue Anwendungen realisiert und im Rahmen eines Feldversuchs mit Industriepartnern erprobt. Ziel von COBRA-3 ist es, den Markt des Anbietens und der Nutzung von Teledienstleistungen für die Anwendungsgebiete *kleine und mittlere Unternehmen* und *Heimbereich* vorzubereiten.

Die in ganz Deutschland operierende dezentrale Großforschungseinrichtung Fraunhofer-Gesellschaft bietet für die Durchführung dieses Vorhabens ideale Voraussetzungen: Mit ihrem breit gefächerten Know-how und den umfangreichen Vorarbeiten der Institute in diesen Anwendungsgebieten deckt sie das gesamte Spektrum der Telekommunikationsanwendungen ab und kann für die Erprobung der Anwendungen auf ihre umfangreiche Projekterfahrung mit kleinen und mittleren Unternehmen zurückgreifen.

Das Projekt COBRA-3 wurde vom Fraunhofer-Institut für Graphische Datenverarbeitung, IGD, initiiert und für eine Laufzeit von drei Jahren konzipiert. Zur Durchführung wurde ein strategischer Verbund von elf Fraunhofer-Instituten gebildet, die sich in ihrer Kernkompetenz ergänzen. Im einzelnen sind dies die Fraunhofer-Institute für:

- Angewandte Materialforschung, IFAM,
- Arbeitswirtschaft und Organisation, IAO,
- Betriebsfestigkeit, LBF
- Biomedizinische Technik, IBMT,
- Graphische Datenverarbeitung, IGD
- Informations- und Datenverarbeitung, IITB,
- Integrierte Schaltungen, IIS,
- Materialfluß und Logistik, IML,
- Produktionstechnik und Automatisierung, IPA,
- Produktionsanlagen und Konstruktionstechnik, IPK,
- Software- und Systemtechnik, ISST.

Abbildung 1.1 zeigt die Architektur von COBRA-3. Für die Realisierung wurden kommerzielle Produkte eingesetzt und durch Eigenentwicklungen der Institute sowie Neuentwicklungen der DeTeBerkom ergänzt.

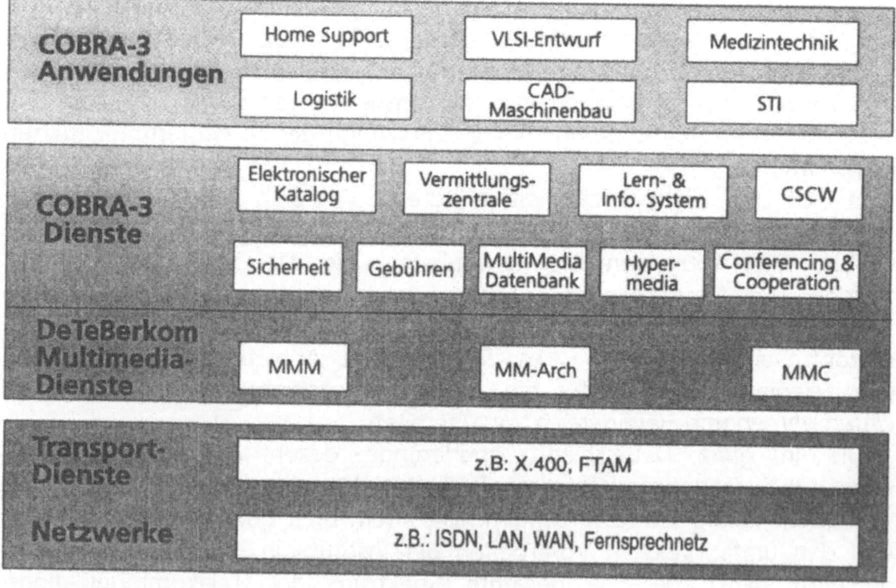

Abb. 1.1 COBRA-3 Anwendungen und Dienste

Die COBRA-3 Dienste werden in Kapitel 2 beschrieben. Sie stellen anwendungsunabhängige Basisfunktionalität zur Verfügung und werden in verschiedenen Anwendungen wiederverwendet und spezifisch ausgeprägt.

Die COBRA-3 Anwendungen werden ausführlich in Kapitel 3 behandelt. Sie beschäftigen sich mit unterschiedlichen Formen der Telekommunikation und Telekooperation in verschiedenen Branchen kleiner und mittlerer Unternehmen sowie im Heimbereich.

2 Möglichkeiten multimedialer Basisdienste

Die in COBRA-3 realisierten Dienste (siehe auch Abbildung 1.1) stellen anwendungsübergreifend Basisfunktionalität zu folgenden Themen bereit:

- Sicherheit und Gebührenabrechnung in öffentlichen Netzen
- Multimedia Datenbank
- Hypermedia
- Conferencing and Cooperation
- Elektronischer Katalog
- Vermittlungszentrale
- Lern-& Informationssystem
- Computer Supported Cooperative Work

Sicherheit und Gebührenabrechnung in öffenlichen Netzen

Der Dienst *Sicherheit* stellt integrierbare Funktionalität zu den Themen Zugriffskontrolle, gegenseitige Authentisierung, Vertraulichkeit, Verbindlichkeit und Integrität zur Verfügung und wird innerhalb der Anwendungserprobung von COBRA-3 für den sicheren Austausch vertraulicher Daten eingesetzt.
Der Dienst *Gebühren* beinhaltet die notwendige Funktionalität für eine vertrauenswürdige, netzgestützte Gebührenabrechnung. Er wird zur Erprobung netzgestützter Auftragsabwicklung in Verbindung mit den übergeordneten Diensten *Elektronischer Katalog* und *Vermittlungszentrale* eingesetzt.

Multimedia Datenbank

Die *Multimedia-Datenbank* (*MMDB*) stellt Funktionalität zum Themengebiet Einbringen, Auslesen und Konvertieren von unterschiedlichen Objekten in unterschiedlichen Datenformaten bereit. Die *MMDB* wurde in den übergeordneten Dienst *Elektronischer Katalog* integriert und wird des weiteren in der Anwendung Schulung, Training, Information eingesetzt.

HyperMedia

HyperMedia stellt den verschiedenen Anwendungsszenarios Werkzeuge für die Generierung, Bearbeitung, Ansicht und Verwaltung von verteilten hypermedialen Dokumenten zur Verfügung und basiert auf dem Netzdienst World Wide Web (WWW). In mehreren Studien wurden WWW-Browser, -Server und -Konverter sowie HTML-Editoren auf ihre Leistungsfähigkeit untersucht und für den Einsatz in COBRA-3 selektiert. Für die Anforderungen aus den Anwendungsbereichen, die zur Zeit noch nicht mit am Markt erhältlichen Produkte abgedeckt werden können wurden Eigenentwicklungen zur Verfügung gestellt. Der Zugriff auf Hypermedia-Funktionalität erfolgt in COBRA-3 durch den übergeordneten Dienst *Elektronischer Katalog*.

Conferencing & Cooperation

Conferencing & Cooperation (C&C) stellt multimediale Basisfunktionalität wie z.B. Audio- und Videoconferencing und Application-Sharing für die unterschiedlichen Arbeitsplattformen der COBRA-3 Anwendungen zur Verfügung. Für die Bereitstellung dieser Telekommunikations- und Telekooperationsfunktionalität werden kommerzielle Produkte aber auch Neuentwicklungen der DeTeBerkom und der FhG eingesetzt und ihre Eignung für die COBRA-3 Anwendungen erprobt.

Elektronischer Katalog

Der *Elektronische Katalog* wird als Basiswerkzeug in den COBRA-3 Anwendungen *Home-Support* und *Logistik* eingesetzt. Er ist eine Hauptkomponente in Anwendungen die elektronische Informationssyteme nutzen und beinhaltet eine Nutzerkennung, verwaltet Zugriffsrechte und unterstützt die Katalogautoren mit Werkzeugen zur teilautomatisierten Gestaltung der Informationen.

Vermittlungszentrale

Neben der reinen Vermittlungsfunktion umfaßt dieser Dienst Funktionen zur Geschäftsvorgangsüberwachung und Auftragsverfolgung sowie eine Verwaltung von Kunden- und Anbieterdaten zur Gebührenkontrolle und -Verrechnung. Die Vermittlungszentrale ist wesentlicher Bestandteil der netzgebundenen Auftragsabwicklung in den COBRA-3 Anwendungen *CAD-Maschinenbau* und *Logistik*.

Lern- und Informationssystem

Das *Lern- und Informationssystem* unterstützt computerbasierte Schulung in heterogenen Netzwerken und dient der Erstellung von Kursen sowie als Laufzeitsystem zur interaktiven, benutzeradaptiven Präsentation. Das *Lern- und Informationssystem* wird in der COBRA-3 Anwendung *Schulung, Training, Information*, in der es zur Erstellung und Durchführung von Teleschulungskursen erprobt wird.

Computer Supported Cooperative Work

Basierend auf vorhandenen Komponenten zur Verwaltung von Informationen über CSCW-Werkzeuge und zur Aktivierung von Arbeitssitzungen mit diesen

Werkzeugen wurden in *CSCW* verschiedene Komponenten und Werkzeuge für multimediale Kommunikation des Dienstes *Conferencing & Cooperation* integriert und mit einer Benutzungsschnittstelle zur Aktivierung der Dienste unter dem World Wide Web (WWW) versehen. CSCW wird auf den heterogenen Plattformen der Anwendung *CAD-Maschinenbau* erprobt.

Die im weiteren Verlauf des Kapitel 2 behandelten Themen umfassen die Dienste *Conferencing and Cooperation, Elektronischer Katalog, Multimedia Datenbank, HyperMedia* und *Sicherheit und Gebührenabrechnung in öffentlichen Netzen*. Die ausführlich dargelegten Konzepte, technischen Umsetzungen und Einsatzmöglichkeiten der Dienste werden ergänzt durch beispielhafte Präsentationen auf der beiliegenden CD-ROM.

Nähere Informationen zu den Diensten *Vermittlungszentrale, Lern-& Informationssystem* und *Computer Supported Cooperative Work* gibt das Kapitel 3, in dem Funktionalität und Einsatz dieser Dienste anhand typischer Beispielanwendungen erläutert werden.

2.1 Conferencing and Cooperation

Dipl.-Inform. Adérito Fernandes Marcos
Dipl.-Inform. Werner John
Fraunhofer-Institut für Graphische Datenverarbeitung, IGD

Kommunikation zwischen Menschen findet auf zwei Ebenen statt: zum reinen Informationsaustausch und als wichtiges Hilfsmittel bei der Zusammenarbeit. Entsprechend hat auch der Einsatz elektronischer Hilfsmittel zur Kommunikation diese Zielbereiche: zum einen die multimediale Telekommunikation, zum anderen die effektive Unterstützung von Arbeitsgruppen in der Telekooperation. Der Basisdienst *Conferencing and Cooperation* übernimmt daher in COBRA-3 die Aufgabe, den Anwendungsszenarios Hilfsmittel zur Telekommunikation und Telekooperation zur Verfügung zu stellen.

Im Bereich der Telekommunikation hat sich heute neben dem Telefon das Fax etabliert, das die Übertragung von Bildern, Texten oder handschriftlichen Notizen und Skizzen über das normale Telefonnetz gestattet. Die dabei übertragene Datenmenge ist jedoch vergleichsweise gering.

Bei der digitalen Übertragung von Sprache oder Bewegtbildern steigen dagegen die anfallenden Daten sehr schnell, während gleichzeitig auch die Zeitanforderungen zunehmen. Ein Fernsehbild beispielsweise entspricht in etwa der Übermittlung von 20 DIN A4 Seiten Text per Fax, wobei die Übermittlung in 0,04 Sekunden, d.h. etwa 30.000 mal schneller erfolgen muß. Heute erlauben die Fortschritte im Bereich der Mikroelektronik den Einsatz von Kompressionsalgorithmen durch die eine wesentliche Verringerung der riesigen Datenmengen ermöglicht wird, die für die digitale Repräsentation von Audio und Video notwendig sind. Erst der Einsatz von Kompressionstechniken ermöglicht zusammen mit den verbesserten Netzwerkdiensten die effektive Multimediakommunikation, d.h. den Austausch von verschiedenen Medien wie Text, Graphiken, stehenden Bildern, Video und Audio, zu erschwinglichen Preisen.

Im Bereich der computerunterstützten Gruppenarbeit sind synchrone und asynchrone Kooperation zu unterscheiden. Die asynchrone Kooperation basiert auf dem Austausch multimedialer Daten und ihrer verteilten Bearbeitung. Diese Arbeitsform kann durch Telekommunikation zur Abstimmung und Beurteilung von Ergebnissen wirkungsvoll ergänzt werden.

Daneben gewinnt die Unterstützung synchroner Telekooperation zunehmend an Bedeutung. Die Teilnehmer einer Arbeitsgruppe treffen sich in einem virtuellen Raum und haben direkten Zugriff auf alle notwendigen Dokumente. Zum Beispiel können die Teilnehmer mit Hilfe einer Tafel oder eines Whiteboards Vorschläge diskutieren und so schnell zu einem gemeinsamen Verständnis über das zur Entscheidung stehende Thema gelangen. Eine Vielzahl von Studien, die im Hinblick auf menschliche und technologische Anforderungen in verschiedenen Arbeitsgebieten durchgeführt worden sind, haben die Bedeutung der Gruppenarbeit in vielen Bereichen bestätigt.

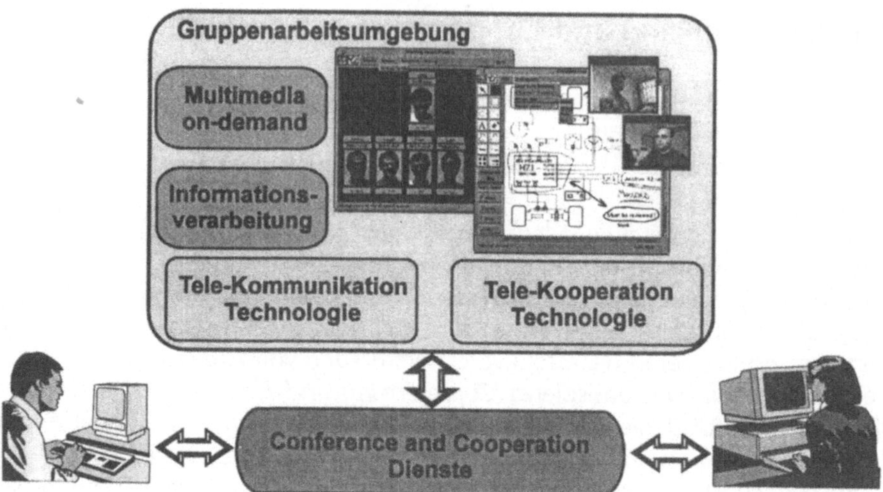

Abb. 2.1.1 Eine typische C&C Architektur.

Unter dem Namen Computer Supported Cooperative Work (CSCW) hat sich in den letzten Jahren ein Forschungsgebiet etabliert, das den Zusammenhang zwischen Computernetzwerken, Systemleistung, Anwendungen und Endanwendern mit Augenmerk auf Gruppenarbeit bearbeitet. CSCW wird immer dann relevant, wenn Mitglieder eines Teams miteinander arbeiten müssen, aber geographisch getrennt sind.

Conferencing and Cooperation (C&C) umfaßt die Dienste für multimediale Telekommunikation (Audio, Video), Telekooperation (Whiteboard, Application-Sharing) sowie File-Transfer und ermöglicht somit die Teilnahme an einer Konferenz vom eigenen Arbeitsplatzrechner aus. Hierbei kommen Techniken und Werkzeuge aus dem Bereich CSCW zum Einsatz, die einen Teilnehmer in die Lage versetzen, den übrigen Teilnehmern umgehend zusätzliche Daten und Dokumente zur Verfügung zu stellen. C&C unterstützt die produktive Zusammenarbeit mit Partnern im eigenen Land und im Ausland, ohne daß man dazu zum Konferenzort reisen oder das Faxgerät beanspruchen muß.

Telekommunikation und Telekooperation

Moderne Personalcomputer und Workstations sind durch ihre Rechenleistung und Speicherkapazität in der Lage, die gemeinsame Präsentation von Text, Graphik, Bildern, Ton und Video, kurz Multimedia, zu unterstützen. Damit multimediale Kommunikation effizient einsetzbar wird, benötigt man Techniken zur Kodierung und Kompression multimedialer Datenströme, um die vorhandenen Übertragungskapazitäten sinnvoll zu nutzen. Ebenso müssen zur Unterstützung der Anwendungsentwickler die Programmierschnittstellen (API) zu den Netzwerken und Diensten auf einem Niveau angesiedelt sein, das eine problemlose Integration in neue Anwendungen ermöglicht. Durch den gezielten Einsatz und die Kombination der vorhandenen Ressourcen wird die multimediale Telekooperation ermöglicht.

Mit der weiten Verbreitung digitaler Netzwerke steigt ebenfalls die Zahl der Benutzer, die sich mit ihrem PC direkt an ein Wide Area Network (WAN) wie z.B. ISDN (Integrated Services Digital Network) anschließen und somit die direkte und gleichzeitige Übertragung von Text, Bildern und Ton durch den Computer zur Realität werden lassen.

Möglichkeiten der Telekommunikation

Es existieren im wesentlichen die folgenden drei Verbindungsformen zwischen den Teilnehmern einer computerunterstützten Konferenz:

- Point-to-Point ($B_i \twoheadrightarrow B_j$) – die direkte Verbindung zwischen genau zwei Benutzern;
- Point-to-Multipoint ($B_n \twoheadrightarrow \{B_1, B_2, \ldots, B_{n-1}\}$) – die direkte Verbindung zwischen einem einzigen Benutzer und verschiedenen Partnern;
- Multipoint ($\{B_1, B_2, \ldots, B_n\} \twoheadrightarrow \{B_1, B_2, \ldots B_n\}$) – die direkte Verbindung zwischen verschiedenen Benutzern;

Der Dienst C&C bietet folgende Telekommunikationsmöglichkeiten:

- Audiokommunikation
- Videokommunikation
- Dateitransfer

Bei der *Audiokommunikation* verwenden die Benutzer herkömmliche Mikrophone und Lautsprecher (oder Kopfhörer), die mit unter bereits in PCs oder Workstations integriert sind. Durch die Netzwerkanbindung von Arbeitsplätzen werden normalerweise auch die Audiodaten in digitaler Form übertragen. Dabei können verschiedene Audioformate (z.B. WAVE, AU oder AIFF) zum Einsatz gelangen.

Die der *Videokommunikation* zugrunde liegenden Daten bestehen aus einzelnen graphischen Darstellungen, die in einer festen Sequenz angezeigt werden. Die Anzahl der angezeigten Bilder pro Sekunde und die unterstützte Farbqualität (farbig oder schwarzweiß) sind wichtige Qualitätsmerkmale.

Für eine Videokommunikation sind zusätzlich eine Videokarte (z.B. Parallax PowerVideo oder VideoPix) sowie eine handelsübliche Kamera erforderlich. Die Videodarstellung auf dem Bildschirm erfolgt normalerweise in einem festen Format (z.B. QCIF in 144x176 Pixel oder CIF in 352x288 Pixel).

Um die Übertragungsrate auf dem Netzwerk niedrig zu halten und gleichzeitig der Forderung nach Isochronität, d.h. der gleichzeitigen Wiedergabe von Bild und Ton, Rechnung zu tragen, werden die Videodaten mit Hilfe spezieller Komprimierungshardware (Video-Codecs) übertragen, die sich üblicherweise schon auf der Videokarte befinden.

Die heute erhältlichen Kommunikationssysteme verfügen generell über eine integrierte Unterstützung der Audio- und Videokommunikation. Die bisherige Erfahrung hat gezeigt, daß die Videokommunikation hauptsächlich während der Anfangsphase einer Konferenz von Bedeutung ist.

Durch den *Dateitransfer* wird der asynchrone Austausch multimedialer Daten zwischen Arbeitsplätzen ermöglicht. Hierdurch ist es möglich, lokale Skizzen oder Versionen in eine Konferenz einzubringen und sie den anderen Teilnehmern zukommen zu lassen.

Möglichkeiten der Telekooperation

Unter Telekooperation sind verschiedene Formen der computerunterstützten Bearbeitung von (multimedialen) Dokumenten zu verstehen. Je nach Art der unterstützten Interaktionsmöglichkeiten ist hierbei zwischen den Techniken Joint-Viewing, Transparent-Sketching und Application-Sharing zu unterscheiden, die auch miteinander kombinierbar sind.

Telekooperationsumgebungen beziehen häufig zusätzliche Kommunikationsmittel ein, die den Ablauf einer Konferenz positiv unterstützen. Beispielsweise dient der Tele-Pointing Mechanismus dazu, andere Teilnehmer einer Telekonferenz auf eine bestimmte Stelle eines Dokuments hinzuweisen. Jeder Benutzer erhält dafür einen eigenen, individuellen Cursor, den die übrigen Teilnehmer verfolgen können.

Es muß ebenso möglich sein, Gruppen und Untergruppen von Benutzern mit unterschiedlichen Rechten zu bilden, um damit die Gruppenarbeit effektiv zu gestalten. In Abhängigkeit des Szenarios sind auch Informationen über Arbeitsplatzkonfiguration, Kommunikationsmöglichkeiten, und Benutzerprofile notwendig. Um z.B. im COBRA-3 Teleschulungsszenario das Verhalten von „Tutor" und „Schüler" modellieren und verwalten zu können, müssen diese sozialen Rollen durch die Vergabe von unterschiedlichen Zugriffsrechten unterstützt werden.

Der Dienst C&C bietet folgende Telekooperationsmöglichkeiten:

- Joint-Viewing
- Transparent-Sketching
- Application-Sharing

Beim *Joint-Viewing* erhält ein Teilnehmer die volle Kontrolle über eine Anwendung. Allen übrigen Partnern wird zeitgleich genau der selbe Ausschnitt der Anwendung präsentiert. Mit dieser Technik können ein oder mehrere Partner die Aktionen eines anderen verfolgen, ohne daß sie eine (eventuell unbeabsichtigte) Änderung durchführen können. Dies kann aus Sicherheitsgründen notwendig sein.

Beim *Transparent-Sketching* legt jeder Teilnehmer eine computergenerierte, virtuelle Klarsichtfolie über das zu bearbeitende Dokument. Jeder Benutzer hat nun die Möglichkeit, auf seiner Folie zu skizzieren und seine Vorschläge zu kommunizieren. Der aktuelle Zustand aller Folien ist für alle Benutzer sichtbar. Das Dokument kann nur durch seinen Eigentümer modifiziert werden.

Beim Application-Sharing können verschiedene Teilnehmer auf eine (oder

Zugriffsrechts (Token) notwendig. Um diese Vergabe bedarfsgerecht realisieren zu können, soll der Token-Mechanismus anwendungsspezifisch konfigurierbar sein. Insbesondere soll die explizite wie auch die implizite Vergabe des Tokens möglich sein. Die Verwaltung der Zugriffsrechte wird normalerweise durch die verwendeten sozialen Rollen kontrolliert.

Ein anderes Merkmal des Application-Sharing ist Late-Joining. Darunter wird die völlige Integration eines Teilnehmers in eine laufende Konferenz verstanden. Der neu hinzugekommene Teilnehmer erhält Informationen über alle verteilten Applikationen und den aktuellen Status.

Systeme für Conferencing and Cooperation

Es wurden verschiedene Systeme zur Unterstützung von Telekommunikation und Telekooperation untersucht. Einige dieser Systeme verfügen sowohl über Telekommunikations- als auch über Telekooperationsmerkmale, wie z.B. Application-Sharing oder Whiteboard.

ProShare 200

Das ProShare System unterstützt auf MS-Windows Plattformen die Audio- und Videokommunikation sowie die synchrone Benutzung von MS-Windows Anwendungen (Application-Sharing). ProShare wurde von der Firma Intel entwickelt und wird in Deutschland von der Deutschen Telekom AG vertrieben. Auf der Basis eines ISDN-Netzwerks können zwei Teilnehmer mehrere MS-Windows Anwendungen kooperativ manipulieren und ihre Aktionen parallel dazu per Audio- und Videokommunikation koordinieren.

Durch das spezielle, von Intel entwickelte Komprimierungsverfahren „Indeo" zur Reduktion von Bilddaten, können Produkte anderer Hersteller nicht an einer ProShare Konferenz teilnehmen.

Für ProShare ist mittlereweile auch eine Programmierschnittstelle verfügbar, die die Anpassung dieses Systems an spezielle Anwendungsanforderungen erlaubt. Weiterhin ist eine Erweiterung verfügbar, die den Einsatz von ProShare im LAN erlaubt und Multipoint-Konferenzen unterstützt.

Audio- und Videoqualität dieses Systems sind sehr gut, die Möglichkeiten zum Application-Sharing sind hinreichend. Es können keine Token vergeben werden, so daß unbeabsichtigte Eingriffe in die Anwendung möglich sind. Dies hat sich in der Praxis nach kurzer Eingewöhnungszeit jedoch nicht als Problem erwiesen.

Communique!

Das Communique! System unterstützt im Video- und Audiobereich eine automatische Anpassung an die zur Verfügung stehende Bandbreite des verwendeten Netzwerks. Es bietet neben der Audio- und Videofunktionalität noch eine Text- und Graphikkommunikation, Whiteboard sowie spezifischen File-Transfer (Senden von Dateien, Bildern, etc. an andere Teilnehmer). Communique! läuft auf PC- und UNIX basierten Plattformen und wurde von der Firma InSoft entwickelt.

ShowMe

Das ShowMe System besteht aus mehreren Einzelkomponenten, nämlich Audio, Video, Whiteboard und Application-Sharing. Das System läuft unter SUN/Solaris 2.x oder SunOS 4.1.3.

Die Audio- und Videokomponenten besitzen eine Funktion zur automatischen Anpassung an die zur Verfügung stehende Bandbreite des verwendeten Netzwerks.

JointX

JointX ist eine Telekooperationsumgebung für UNIX Plattformen (Sun, SGI), die von der Firma Sietec entwickelt wurde. JointX unterstützt Multipoint Audio- und Textkommunikation, sowie Application-Sharing von X-Window Anwendungen.

Das System unterstützt verschiedene soziale Rollen (Teilnehmer, Berater, Koordinator) mit den dazu gehörenden Mechanismen zur Tokenvergabe, die durch explizite sowie implizite Tokenvergabe realisiert werden.

Zusätzlich stehen Tele-Pointing und Formen der Gruppenarbeit (privates Application-Sharing für Untergruppen) zur Verfügung.

Mbone-Tools (VAT, VIC, NV)

VAT ist ein X11-basiertes Werkzeug für Audiokonferenzen. Es ermöglicht dem Benutzer Point-to-Point oder Point-to-Multipoint Audiokonferenzen über das Internet. Auf den meisten Plattformen wird keine spezielle Hardware außer einem Mikrophon und einem Lautsprecher, benötigt.

VIC und NV sind X11-basierte Werkzeuge für Videokonferenzen. Sie ermöglichen ihren Benutzern Point-to-Point oder Point-to-Multipoint Videokonferenzen über das Internet.

Sowohl VIC als auch NV ist gemeinsam, daß spezielle Hardware lediglich zum Senden, nicht aber zum Empfang von Video benötigt wird. NV besitzt zusätzlich die Möglichkeit, Bereiche des Bildschirms (Screenshots) zu versenden. Die MBone-Tools sind frei verfügbar (http://www.cl.cam.ac.uk/mbone/).

MMC

Der Teledienst „Multimedia Collaboration" wurde von mehreren Partnern aus Industrie und Forschung unter Leitung der DeTeBerkom entwickelt. Die Schwerpunkte sind die Einbindung beliebiger Anwendungen zwecks gemeinsamer Nutzung (Application-Sharing) und die digitale Audio- und Videoverbindung zur Sprach- und Bildkommunikation.

Die Hauptkomponenten des Teledienstes bestehen aus einer zentralen Konferenzsteuerung (Conference-Manager), einer Komponente für das Application-Sharing, sowie Werkzeugen zur Steuerung von Audio- und Videodatenströmen. Dem Benutzer steht zusätzlich ein Directory Dienst zur Verfügung, mit dessen Hilfe er einzelne Teilnehmer oder Gruppen lokalisieren kann (Conference Directory). Integriert ist eine Funktion „schwarzes Brett", mit deren Hilfe auf Konferenzen und Konferenzthemen hingewiesen werden kann.

Die Audio- und Videokommunikation zwischen den Teilnehmern wird über eine zentrale Instanz initiiert und lokal gesteuert. Dabei ist das System so konzipiert, daß beim Aufbau der Audio- und Videoverbindung die Leistungsfähigkeit der beteiligten Arbeitsstationen individuell berücksichtigt wird.

VirtualX

VirtualX wurde am Fraunhofer-Institut für Graphische Datenverarbeitung, IGD entwickelt. Es ist ein komplettes System zur Unterstützung von Telekooperationen. Das System ist als Client/Server Architektur mit verteilten Algorithmen implementiert und beinhaltet Point-to-Multipoint Audio- und Videokommunikation, Application-Sharing von X-Window Anwendungen und ein Whiteboard. Dabei werden die Telekooperationsformen Joint-Viewing und Transparent-Sketching eingesetzt. Das System unterstützt drei Ebenen sozialer Rollen (Tutor, Teilnehmer, Kommentator) mit den entsprechenden Mechanismen zur Tokenvergabe.

Ein wesentliches Merkmal dieses Systems ist, daß damit eine vollständige Konferenzumgebung verteilt wird. Das Application-Sharing verwendet hierfür die „Virtual-Screen" Technik, so daß Teilnehmer in ihrer eigenen Umgebung arbeiten und parallel dazu an einer Konferenz teilnehmen oder z.B. in einer Arbeitsgruppe über Ergebnisse beraten können.

Conferencing and Cooperation in COBRA-3

Die Analyse der Anforderungen aus den COBRA-3 Anwendungsszenarios hat insbesondere einen starken Bedarf an Konferenz- und Kooperationsdiensten auf der Basis modularer APIs deutlich gemacht. Um diesen Bedürfnissen Rechnung zu tragen, wurde eine Menge von Services definiert, die hierarchisch aufeinander aufbauen und für unterschiedliche Anwendungen konfigurierbar sind.

Die C&C Dienste fungieren dabei als Schnittstelle zwischen den COBRA-3 Anwendungsszenarios und konkreten Implementierungen dieser Funktionalität. Hierdurch wurde insbesondere die Entkopplung zwischen Anwendungsentwicklungen und dem COBRA-3 Projekts erreicht.

In den folgenden COBRA-3 Anwendungsbereichen sind C&C Dienste integriert: Tele-ASIC, CAD-Maschinenbau, Medizintechnik und Schulung, Training, Information. Die Integration von C&C Diensten erfolgte durch die direkte Nutzung kommerzieller Produkte und Eigenentwicklungen der beteiligten Partner. Den Einsatz von C&C Systemen in COBRA-3 zeigt Tabelle 2.1.1.

Anwendungsbereich / Produkte	C&C in COBRA3-Szenarios			
	Tele-ASIC	CAD-Maschinenbau	Medizintechnik	Schulung, Training, Information
ProShare	Verteilung von ASIC Applikationen und Nutzung als Kommunikationsumgebung	Verteilung von CAD-Applikationen und Nutzung als Kommunikationsumgebung	Telekonferenz über graphische Darstellung von Röntgenbildern und Diagnose	Unterstützung von Online Training zwischen Tutor und Schüler
Mbone-Tools	–	–	–	Unterstützung von einfachen Punkt-zu-Punkt Verbindungen der STI Umgebungen
JointX	Verteilung von ASIC Applikationen mit Multipoint Kommunikation	Verteilung von CAD-Applikationen mit Multipoint Kommunikation	–	–
VirtualX	Vollständige Conferencing Umgebung (Application-Sharing, Kommunikation und Kooperation)	Vollständige Conferencing Umgebung (UNIX-Bereich)	–	Unterstützung von kooperativem Authoring und Gruppenlernen
MMC	Application-Sharing und Kommunikationsumgebung	Application-Sharing und Kommunikationsumgebung	Whiteboard und Kommunikationsumgebung	Application-Sharing, Whiteboard und Kommunikationsumgebung

Tabelle 2.1.1 Einsatz von C&C Systeme in COBRA-3

Beschreibung der CD-ROM

Auf der CD-ROM finden Sie die Präsentation mehrerer Konzepte aus dem Bereich Conferencing and Cooperation, die anhand des Systems VirtualX beispielhaft vorgestellt werden:

- Teilnahme an einer verteilten Sitzung: Registrierung des Namens, der Zugriffsrechte und des privaten Cursors)
- User Interface Strategie einer verteilten Sitzung: Identifizierung einzelner Teilnehmer
- Kooperative Editierung: Joint-Viewing und Transparent-Sketching
- Application-Sharing: Strategie zur Verteilung von Applikationen
- Transparent-Sketching in Verbindung mit Application-Sharing: Skizzieren über einer laufenden Applikation

Kontaktadresse

Dipl.-Inform. Adérito Fernandes Marcos
Dipl.-Inform. Werner John
Fraunhofer Institut für Graphische Datenverarbeitung, IGD
Wilhelminenstraße 7
64283 Darmstadt
Tel.: 06151/155-238
Fax: 06151/155-480
Email: marcos@igd.fhg.de

2.2 Elektronischer Katalog

Dipl.-Inform. Fernando Chaves,
Fraunhofer-Institut für Informations- und Datenverarbeitung, IITB

Die zunehmende Leistungsfähigkeit und Verbreitung von Informationstechnologie (z.B. Personal Computer) und Kommunikationstechnologie (z.B. ISDN) verändern die Arbeitswelt und auch den privaten Bereich durch Erschließung immer neuer Anwendungsfelder. Insbesondere hat das Internet in Gestalt des World-Wide-Web in den letzten Jahren eine explosionsartige Verbreitung erfahren.

Aufgrund der noch erforderlichen Kenntnisse von betriebssystem- und netzwerknaher Software finden diese Technologien jedoch nur zögerlich Eingang bei potentiellen Informationsanbietern – insbesondere bei kleinen und mittelständischen Unternehmen.

Oft sind Anbieter und Nachfrager hinsichtlich der Technik verunsichert, scheuen den Zugriff von und zum globalen INTERNET wegen der – teilweise zu recht – befürchteten Kosten und Sicherheitsrisiken. Andererseits möchte man sich den Entwicklungen nicht verschließen, eine partielle Öffnung soll nicht prinzipiell verbaut, ein modularer und skalierbarer Ausbau möglich sein.

Viele Firmen lassen ihre „Homepages" von spezialisierten Designer-Büros gestalten und einrichten. Diese Seiten stellen gewissermaßen ein Schaufenster ins INTERNET dar. Aus reinen Marktpräsenzüberlegungen heraus ist dies sicherlich ein richtiger und verhältnismäßig kostengünstiger Weg. In vielen Szenarien steht jedoch die Aktualität der Inhalte und die notwendige – möglicherweise durch Rahmenbedingungen erzwungene – Kooperation von Firmen, Institutionen und/oder Privatpersonen im Vordergrund.

Mit KOKONS (Katalogorientierte Kooperative IntraNet Systeme) wurde im Rahmen von COBRA-3 ein einsatzfähiges Werkzeug zur Erstellung nutzerspezifischer Informationssysteme geschaffen. KOKONS basiert auf Mechanismen des INTERNET und des WWW und ermöglicht den inkrementellen und modularen Aufbau von „privaten Internets" – sogenannte INTRANETs – beispielsweise auf der Grundlage von ISDN. Die Erstellung und Bereitstellung von ansprechenden multimedialen Dokumenten kann auch durch EDV-unerfahrene „Autoren" erfolgen.

Im vorliegenden Papier wird ein grober Überblick über Architektur und Funktionalität des Elektronischen Katalogsystems als Hauptkomponente von KOKONS vermittelt. Im letzten Abschnitt werden die Ergebnisse der Erprobung im COBRA-3 Projekt kurz zusammengefaßt sowie Einsatzmöglichkeiten und mögliche Weiterentwicklungen erörtert.

Der Katalogserver

Ein Hauptgrund für die massive Verbreitung des INTERNET ist die weitgehende Unabhängigkeit des zugrundeliegenden Kommunikationsprotokolls TCP/IP von den physikalischen Übertragungsmedien. Ob Telefonnetz, Ethernet, ISDN, Satellit oder Breitbandnetz, immer findet sich ein IP-Protokoll (SLIP, PPP, ...), das die Aufnahme in die große Internet-Familie ermöglicht. In Deutschland steht durch die flächendeckende ISDN-Versorgung eine kostengünstige Möglichkeit für den Aufbau von Intranets bei akzeptablen Bandbreiten (2x64 kbit/s) bereit. Im folgenden wird deswegen bei stadtumspannenden oder regionalen Intranets von ISDN als physikalisches Medium ausgegangen.

Zunächst besteht ein solches Intranet in der Regel aus vielen Clients und (mindestens) einem Server, die logisch in einem Netz zusammengefaßt sind. Oft übernimmt der Server auch Gateway-Aufgaben, etwa als Kommunikationsserver, Firewall oder Router zu anderen Intranets und zum INTERNET. Im COBRA-3 Kontext setzt sich der Server in der Regel aus zwei miteinander lokal vernetzten Maschinen zusammen:

- einem S_0- oder S_{2M}-Router (BINTEC, CISCO, o.ä.) und
- einem Katalogserver (UNIX)

Der Router ermöglicht den Clients den Fernzugriff über ISDN und leitet Anforderungen von und zu Rechnern anderer Netze weiter. Der Katalogserver nimmt Aufgaben als Mail- (POP), Name-, HTTP-, Proxy- und Datenbank-Server wahr.

Ein abgestuftes Sicherheits- und Zugriffskonzept – von der geschlossenen ISDN-Benutzergruppe über Access-Control-Listen bis hin zu Public-Key- und Rollenkonzept-Techniken – bedient sich je nach Fall der spezifischen Funktionalität von einem oder beiden Servern.

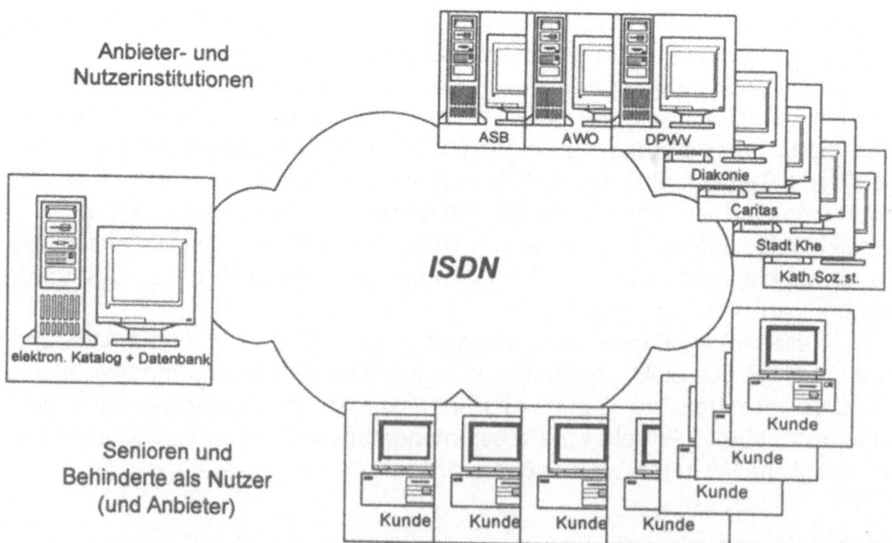

Abb. 2.2.1 Beispiel eines Intranets auf der Grundlage von KOKONS (Informationsbörse für Senioren und Behinderte der IAV-Stellen Karlsruhe)

Der Katalogserver wiederum setzt sich zusammen aus:

- einem (Standard-) HTTP-Server
- der im Rahmen von COBRA-3 entwickelten Katalogserver-Software
- der im Rahmen von COBRA-3 entwickelten Multimedia-Datenbank Managementsoftware (MMDB)

Ein Katalogserver kann Dienste für mehrere *Kataloganbieter* bereitstellen, die jeweils einen oder mehrere *Kataloge* in einer eigenen *Instanz der Multimedia-Datenbank* unterhalten können.

Die Nutzerumgebungen des Katalogsystems

Über die *Verwalterumgebung* vergibt oder entzieht ein *Katalogverwalter* Zugriffsrechte an die *Katalogautoren*, ordnet sie *Nutzergruppen* zu und pflegt die *Kapitelstruktur* und das *Schlagwortregister* des Katalogs.

Die Grundbausteine eines Katalogs sind *Dokumentenmappen*. Jede Mappe ist einem Kapitel innerhalb der Kapitelstruktur zugeordnet. Jeder Mappe können Schlagwörter aus dem Schlagwortregister des Katalogs zugeordnet werden.

Die Mappen werden von den Katalogautoren erstellt und gepflegt. Dies erfolgt lokal oder von den (PC-) Clients aus mit Hilfe der *Autorenumgebung*. Die Autorenumgebung (und die Verwalterumgebung) bestehen serverseitig aus CGI-Programmen (CGI = Common Gateway Interface), die dynamische Verwaltungs- und Anzeigemasken aus Inhalten der MMDB generieren. Clientseitig gehört zur Autorenumgebung – neben einem (Standard-) WWW-Browser und Dokumententyp-spezifischen Editoren – die *Autoren-Clientsoftware*. Sie verwaltet Dokumentenmappen lokal und wickelt deren Übertragung zum Server ab.

Ein Kunde greift auf den Katalog über die *Kundenumgebung* zu. Er bedient sich hierbei eines (Standard-) WWW-Browsers um serverseitig dynamisch generierte Anzeige- und Navigationsmasken abzurufen und zu bedienen.

Dokumentenmappen und Hyperlinks

Die Dokumentenmappen werden in einer anbieterspezifischen Instanz der Multimedia-Datenbank, der *Katalogdatenbank*, als Datenbank-Objekte verwaltet. Jedem Katalog wird von der Datenbank ein virtueller Katalog-Verzeichnisbaum zugeteilt, dessen Bezeichnung sich an die UNIX-Pfad Notation anlehnt. Jeder Mappe wird ein Verzeichnis innerhalb des Katalog-Verzeichnisbaumes zugeordnet (z.B. /rsk1/doc/30/30/30/...).

Eine Dokumentenmappe kann zweierlei enthalten (zur Kennzeichnung von Objekt-Typen wird die im WWW übliche MIME-Notation verwendet):

- Ein *monomediales Dokument*, z.B. ein Bild (*image/gif*), ein Video (*video/mpeg*) usw. In diesem Fall besteht der Inhalt der Mappe aus einem Objekt.

- Ein *Haupt-HTML-Dokument* (*text/html*), das jedoch Inline-Grafiken (*<IMG SRC= „..." >*) und/oder Links auf weitere HTML- und/oder monomediale Dokumente (*<A HREF=„..." >*) enthalten kann. Die referenzierten HTML-Dokumente können ihrerseits auch Inline-Grafiken und Links referenzieren.

Diese zweite Art von Dokumentenmappen läßt sich ohne Einschränkungen praktisch nicht handhaben. Um die Konsistenz der Links zu wahren, müßten alle Links rekursiv verfolgt und die referenzierten Dokumente – sofern nur lokal verfügbar –in die Dokumentenmappe aufgenommen werden. In diesem Fall wäre der Inhalt der Mappe eine potentiell unbeschränkte Menge von Objekten unterschiedlichen Typs. Deswegen werden anhand der URL (Uniform Resource Locator) drei Arten von Links unterschieden und unterschiedlich behandelt:

- *Globale Links:* sind solche Links, die eine Dienst- und/oder Server-Angabe explizit in der URL enthalten (z.B. *http://www.fhg.de, file:/usr/home/beispiel.htm, news:comp.infosystems.www*).
- *Katalog-Links:* sind solche Links, die auf ein Dokument innerhalb des gleichen Katalog-Verzeichnisbaumes wie das referenzierende Dokument verweisen.
- *Lokale Links:* sind solche Links, die auf ein Dokument *außerhalb* des Katalog-Verzeichnisbaumes des referenzierenden Dokuments verweisen.

Erstellt nun ein Autor auf seinem Client ein HTML-Dokument und stößt das 'Einbringen' des Dokuments in den Katalog an, so wird bereits Client-seitig der HTML-Code analysiert und wie folgt verfahren:

Globale Links werden als nicht zur Mappe gehörig behandelt, ebenso Katalog-Links. Beide werden im rekursiven Abstieg nicht weiter untersucht. Für die Konsistenz globaler Links ist der Autor des referenzierenden Dokuments verantwortlich.

Über lokale Links referenzierte Dokumente werden – im Gegensatz zu globalen und Katalog-Links – als zur Mappe gehörig betrachtet. Kopien dieser Dokumente werden in einem lokalen Arbeitsverzeichnis gesammelt und rekursiv untersucht. Vor der Übertragung an den Server werden die lokalen Links in den Arbeitskopien der Dokumente der Katalogstruktur angepaßt. Schließlich wird dem Katalogserver in den mitübertragenen Verwaltungsinformationen der Pfad des Hauptdokuments im Arbeitsverzeichnis mitgeteilt.

Der Katalogserver legt alle empfangenen Teildokumente in *einem* (virtuellen) Verzeichnis ab, dessen Pfad wie oben beschrieben aufgebaut ist (z.B. */rsk1/doc/30/30/30/...*), und „merkt" sich den Pfad des Hauptdokuments im Arbeitsverzeichnis des Client.

Weitere lokale Manipulationen der Dokumenteninhalte ('Holen', 'Editieren', 'Zurückschreiben') werden auf den Arbeitskopien im Arbeitsverzeichnis durchgeführt, die zu diesem Zeitpunkt eine identische Abbildung der Kopien auf dem Server sind.

Diese Vorgehensweise hat folgenden entscheidenden Vorteil: der Autor kann mit Hilfe geeigneter Editoren *lokal* die über Links vernetzten und logisch zusammenhängenden Teile der Dokumentenmappe erstellen, und die Links testen, ohne über einen HTTP-Server lokal verfügen zu müssen und ohne daß eine Verbindung zum Katalogserver aufgebaut werden muß.

Dokumentenmappen und Katalogdatenbank

Beim Erstellen einer Dokumentenmappe über die Autorenumgebung werden vom Autor Verwaltungsinformationen zur Mappe in einer Maske (Form) eingetragen und dem Katalogserver mitgeteilt. Der Server generiert ein neues Datenbank-Objekt und ein „leeres" Dokument des angegebenen Typs (z.B. eine minimale HTML-Seite für *text/html* oder ein Bildrahmen für *image/gif*). Die Verwaltungsinformationen der Dokumentenmappe sind im einzelnen:

- *Titel:* Eine Angabe zur Identifikation der Mappe in Übersichten/Auswahllisten.
- *Kurzbeschreibung:* Eine Zusammenfassung oder Charakterisierung der Mappe. Diese Angabe erscheint auch in Übersichten/Auswahllisten.
- *Schlagworte:* Der Autor kann aus einem vorgegebenen Schlagwortindex Schlagworte zur Charakterisierung seiner Mappe für Suchzwecke vergeben.
- *Kapitel:* Jedes Dokument muß durch Auswahl aus der Kapitelliste einem Kapitel zugeordnet werden. Aus dieser Angabe wird das Inhaltsverzeichnis im Katalog generiert.
- *Verfallsdatum:* Der Autor kann in diesem Feld das Datum angeben, an dem das Dokument automatisch für lesenden Zugriff gesperrt werden soll. Das Dokument bleibt erhalten, kann jedoch nur vom Autor angesprochen oder verändert werden.
- *Erstellungs- und Änderungsdatum:* Diese Felder werden in den Masken der Autorenumgebung je nach Bearbeitungsfall mit dem Tagesdatum automatisch belegt bzw. angezeigt.
- *Dokumententyp:* Gibt den Typ (des Hauptdokuments) der Mappe in MIME-Notation an, z.B. *image/gif*, *text/html*.
- *Kundenkreis:* Der Autor kann aus einer katalogspezifischen Liste eine oder mehrere Nutzergruppen selektieren, die auf die Mappe zugreifen dürfen. Mit dem Wert *private* läßt der Autor den Zugriff nur für sich selber, mit dem Wert *public* für alle Nutzer des Katalogs zu.
- *URL:* Synthetisches URL bzw. Verzeichnis innerhalb des Katalog-Verzeichnisbaumes (z.B. */rsk1/doc/30/30/30/haupt.html*).

HTTP-Server und Katalogdatenbank kommunizieren miteinander über die Socket-Schnittstelle CGIDB. Diese hat eine einfache Syntax, die sich an die Mechanismen von HTTP orientiert (Parameterübergabe, URL-encoding usw.). Die Schnittstelle dient der Übermittlung von Funktionsaufrufen an die Katalogdatenbank und der Rückgabe der (Such-)Ergebnisse an die CGI-Programme der Katalogoberfläche. Die CGI-Programme interpretieren die von der Katalogdatenbank zurückgelieferten Ergebnisdaten und generieren gemäß vorgegebener Dialogabläufe hieraus dynamisch HTML-Folgemasken.

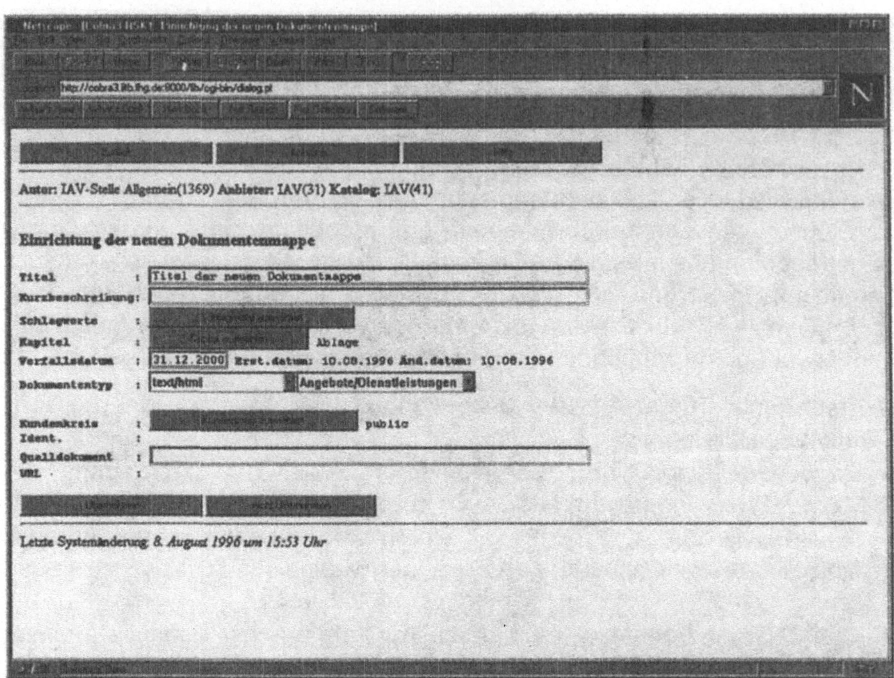

Abb. 2.2.2 Verwaltungsmaske der Autorenumgebung (serverseitig) zur Einrichtung einer neuen Dokumentenmappe

Das Rollenkonzept

Im Rahmen der COBRA-3-Arbeiten wurde eine Zugriffskontrolle für die zu verwaltenden Dokumente und Objekte realisiert. Dazu wurde ein Verfahren entworfen, das sich aus dem im Vorgehensmodell für Software-Entwicklungsprojekte des Bundesministeriums für Verteidigung enthaltenen Rollenkonzept ableitet. Für die Aufgaben, die auf der Multimedia Datenbank aufbauen, erwies es sich als sinnvoll, die benötigten Zugriffsschutzmechanismen in die Datenbank zu integrieren. An dieser Stelle wird nur eine grobe Darstellung des Rollenkonzepts wiedergegeben, näheres kann aus ausführlichen Projektberichten entnommen werden [2.2.1], [2.2.2].

Grundlegend ist eine Einteilung der zu verwaltenden Objekte in eine *Verzeichnishierarchie*. Zusätzlich werden die Objekte nach ihrer Art in *Kategorien* eingeteilt. Verzeichnisse bewirken eine Einteilung der Objekte nach deren Inhalt oder Sachbezug. Kategorien realisieren eine davon unabhängige Einteilung nach Art der Objekte. Letztendlich ergibt sich daraus eine Gliederung nach zwei unabhängigen, orthogonalen Ordnungskriterien.

Die Beziehungen zwischen den Elementen des Rollenkonzepts lassen sich folgendermaßen beschreiben:

- Ein Benutzer übernimmt bzgl. eines Verzeichnisses eine bestimmte *Rolle*, die durch ein entsprechendes Benutzerprofil beschrieben wird. In unterschiedlichen Verzeichnissen kann ein Benutzer auch unterschiedliche Rollen übernehmen.
- In einem Verzeichnis können beliebig viele Objekte erzeugt werden, die jeweils einer bestimmten Objektkategorie zugeordnet sind. Diese Zuordnung beschreibt die Art des Objekts im Hinblick auf ein festgelegtes Kriterium.
- Ein Benutzerprofil definiert die Zugriffsberechtigungen auf Dokumente verschiedener Kategorien. Es ordnet dazu den Kategorien einzelne Zugriffsberechtigungen (*read, write, create, change*) zu. Verschiedene Profile können zu derselben Kategorie unterschiedliche Berechtigungen enthalten.

Die Zugriffsrechte, die ein Benutzer auf ein bestimmtes Objekt erhält, ergeben sich letztlich aus der Rolle, die ihm bzgl. des Verzeichnisses, welches das betreffende Objekt enthält, zugewiesen ist. Der Ersteller eines neuen Objekts wird automatisch als dessen Besitzer eingetragen. Der Besitzer eines Objekts verfügt grundsätzlich über alle Berechtigungen. Die Berechtigungen, die man in einem Profil für einzelne Kategorien vergeben kann, beziehen sich immer auf Objekte anderer Autoren.

Auf der Oberfläche des Katalogsystems schlägt sich das Rollenkonzept in folgenden Nutzeraktionen nieder:

- Beim Einrichten einer Nutzerkennung fügt der Katalogverwalter die neue Kennung in eine oder mehrere Nutzergruppen ein. Diesen Nutzergruppen sind Profile zugeordnet, die die Befugnisse der Nutzer charakterisieren („Leser", „Autor", „Editor"). Eine feinere Differenzierung kann durch Aufgliederung der Nutzergruppen erfolgen: „IAV-Leser", „LSB-Leser" usw.
- Beim Erstellen einer Mappe teilt der Katalogautor dem System mit, wer auf die Dokumente in der Mappe zugreifen darf, indem er eine oder mehrere Nutzergruppen auswählt (Kundenkreis). Die Dokumente einer Mappe liegen alle in einem (virtuellen) Verzeichnis innerhalb des Katalog-Verzeichnisbaumes.

Das Rollenkonzept ist ein sehr mächtiges und flexibles Verfahren zur Modellierung von Zugriffskontrollen, aber aufgrund dessen teilweise sehr schwer zu handhaben. Durch geeignete Anpassung an die Erfordernisse des Katalogsystems wurde der Aufwand, der von den Nutzern für den Zugriffsschutz aufzuwenden ist, auf ein Mindestmaß reduziert.

Autoren-Clients, PC-Proxy und Security-Box

Die Autoren-Clients basieren – im Hinblick auf die anzusprechenden Zielgruppen von KOKONS, kleine und mittelständische Unternehmen – auf einer Standard PC-Konfiguration:

- Hardware: Standard-PC 80486/Pentium, 8-16 MB Hauptspeicher, 15-17" Monitor, ISDN-Karte
- Software (kommerziell): Windows for Workgroups (WfW 3.11) mit Microsoft TCP/IP für WfW 3.11, Proxy-fähiger WWW-Browser, HTML-Editor und Dokumententyp-spezifische Editoren, CAPI 1.1 oder 2.0 und NDIS-Driver für ISDN-Zugriff
- Netzzugang: ISDN S_0-Anschluß
- Software COBRA-3: Autoren-Clientsoftware für Windows-PC-Clients

Die Autoren-Clientsoftware verwaltet die Dokumentenmappen lokal und wickelt deren Übertragung zum Server mit Hilfe sogenannter Helper-Applikationen ab. Sie stellt auch den Rahmen zur Einbindung der COBRA-3 spezifischen Datensicherheit in die WWW-Mechanismen (HTTP) dar.

Dies erfolgt mittels des sogenannten *PC-Proxy*: In Analogie zum Proxy-Konzept bei WWW erfolgt eine Client-Anforderung an einen WWW-Server nicht direkt, sondern über eine zwischengeschaltete Instanz. Diese übernimmt zusätzliche, in HTTP ursprünglich nicht vorgesehene Funktionen (z.B. Caching bei traditionellen WWW-Proxies). Neu an dem vorliegenden Konzept ist die Tatsache, daß der Proxy lokal auf dem Client-PC des Autors läuft und die Authentifikations- und Security-Funktionen der *Security-Box* integriert.

Serverseitig werden auf ähnliche Weise der Zugang zu Security- und Katalogdiensten in einem CGI-Programm zusammengefaßt, das gewissermaßen als „Eintrittspforte" zum Katalogserver dient.

Anfragen des WWW-Browsers an sonstige (COBRA-3 fremde) WWW-Server (bzw. Proxies) werden transparent weitergegeben und ebenso die Antwort der Server.

Der PC-Proxy basiert auf der WINSOCK-Schnittstelle und wird durch umlenken der HTTP-Proxy Option des Browsers auf „localhost" angesprochen. Damit kann im Prinzip jeder kommerzielle WWW-Browser verwendet werden, der diesen Standard-Proxy-Mechanismus von WWW unterstützt.

Mittels des PC-Proxy wird eine sichere Authentifizierung mit Hilfe asymmetrischer Schlüssel-Verfahren (public/private-keys, certificates) durchgeführt. Nach Herstellung einer sicheren Verbindung (security context) können die Daten mit dem bei der Authentifizierung vereinbarten symmetrischen Sitzungsschlüssel (session key) verschlüsselt und/oder signiert übertragen werden. Besondere Erwähnung verdient die Tatsache, daß mit dieser Methode alle sicherheitsrelevanten, d.h. auch die vom Benutzer in Forms eingegebenen Daten bei der Übertragung vom und zum Server geschützt werden können.

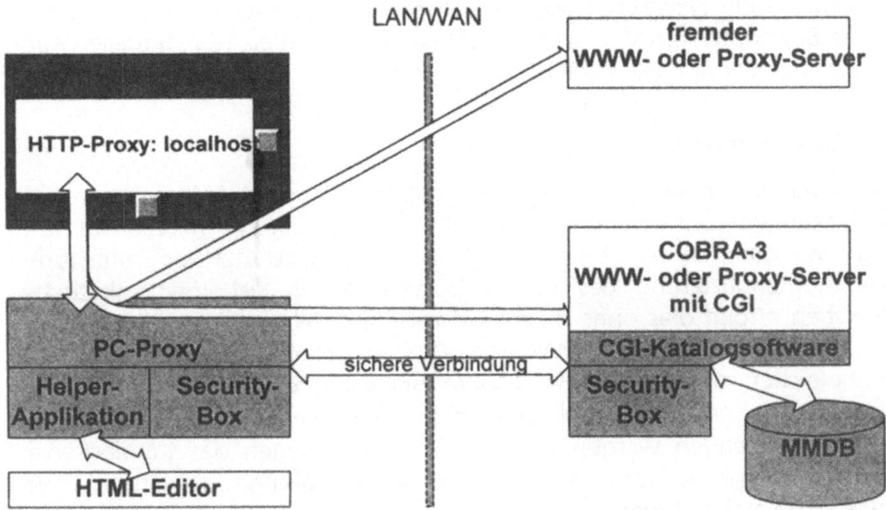

Abb. 2.2.3 Zusammenspiel des PC-Proxy der Autoren-Clientsoftware mit WWW-Browser, Helper-Applikationen, Security-Boxen und COBRA-3 Katalogserver

Dialogabläufe

HTTP ist ein zustandsloses Protokoll, d.h. jede Anfrage eines Clients muß vollständig spezifiziert sein. Sie wird vom Server beantwortet und die Verbindung sofort wieder abgebaut. Dies bedeutet, daß der Client den Zustand des Dialogs – d.h. welche Masken wurden aufgesucht, welche Eingaben wurden gemacht usw. – selbst führen muß. Andererseits kann der Client nur URLs verwalten bzw. „Dokumente" z.B. HTML-Forms zwischenspeichern, verfügt also nicht über Konstrukte zur Verwaltung eines Dialogzustands. Nicht nur für die Autorenumgebung erwies es sich jedoch als notwendig, Dialogabläufe modellieren zu können. Dieses Problem wurde folgendermaßen gelöst.

Jede Anforderung der Kunden- oder Autorenumgebung an den Katalogserver enthält die aktuellen Zustandsinformationen. Der Server ist so konfiguriert, daß jede Anforderung eines Clients zuerst ein CGI-Programm durchlaufen muß, welches die Zustandsinformationen aus der Anforderung herausfiltert und dann das angeforderte Dokument holt. Das gefundene Dokument wird dann (vom gleichen Programm) mit den evtl. modifizierten Zustandsinformationen wieder „angereichert" und an den Client ausgeliefert. So kann der Client bei der nächsten Anfrage an den Server die Zustandsinformationen erneut mitliefern. In Forms bedient man sich für diese Aufgabe der sogenannten „Hidden-Fields", d.h. Felder, die nicht in der Maske erscheinen, aber vom Client mitübertragen werden. Bei einfachen Links werden die Zustandsinformationen im „QUERY_STRING", ein Zusatz zur URL für die Parameterübergabe an den Server, kodiert.

Diese Vorgehensweise hat einen weiteren Vorteil. Die Dokumente können beim Durchlaufen des CGI-Programms mit anderen Elementen angereichert werden, die das Navigieren oder Orientieren im Dokumentenbestand erleichtern (z.B. Knöpfe zum Vor- und Zurückblättern, Angaben zum aktuellen Kapitel, Anzeige der aktuellen URL).

Die Kundenumgebung

Die Endkunden greifen nur lesend über einen Standard-WWW-Browser auf die Dokumente/Dokumentenmappen des Katalogs zu. Wenn Teile des Katalogs – wie oben dargelegt – nach Nutzergruppen geschützt sind, muß vorher eine Authentifizierung des Benutzers erfolgen. In sicherheitsunkritischen Bereichen erfolgt dies ohne Zusatzsoftware in Anlehnung an den Standard-Mechanismus von HTTP (WWW-Basic-Authentication). In sicherheitsrelevanten Bereichen muß mit dem WWW-Browser auch der PC-Proxy mit Security-Box (jedoch ohne Helper-Applikationen) installiert werden.

Dem Endkunden werden von den CGI-Programmen des Katalogservers zusätzliche Zugriffspfade – neben dem im WWW-üblichen „Traversieren" von Links – im Katalog angeboten:

- *Inhaltsverzeichnis:* Der Kunde erhält eine Liste der Kapitel und Unterkapitel mit Angabe der Anzahl der Dokumente in jedem (Unter-)Kapitel. Beim Auswählen eines Kapitels wird eine Liste der zu diesem Kapitel zugehörigen Dokumente angezeigt, aus der der Kunde einen oder mehrere zum „Blättern" selektieren kann. Dynamisch erzeugte „Knöpfe" (z.B. zum Vor- bzw. Zurückblättern) und Anzeigen (z.B. Name des aktuellen Kapitels) unterstützen ihn bei der Navigation und der Orientierung innerhalb des Katalogs.
- *Schlagwortsuche:* Der Kunde wählt aus einer Liste von Schlagworten und erhält eine Liste der zu diesen Schlagworten „passenden" Dokumente. Wie beim Inhaltsverzeichnis kann er innerhalb dieser Liste „blättern".

Weitere Suchmöglichkeiten (nach Autoren, Titel, Erstellungsdatum usw.) werden in den späteren Versionen der Katalogsoftware verfügbar sein.

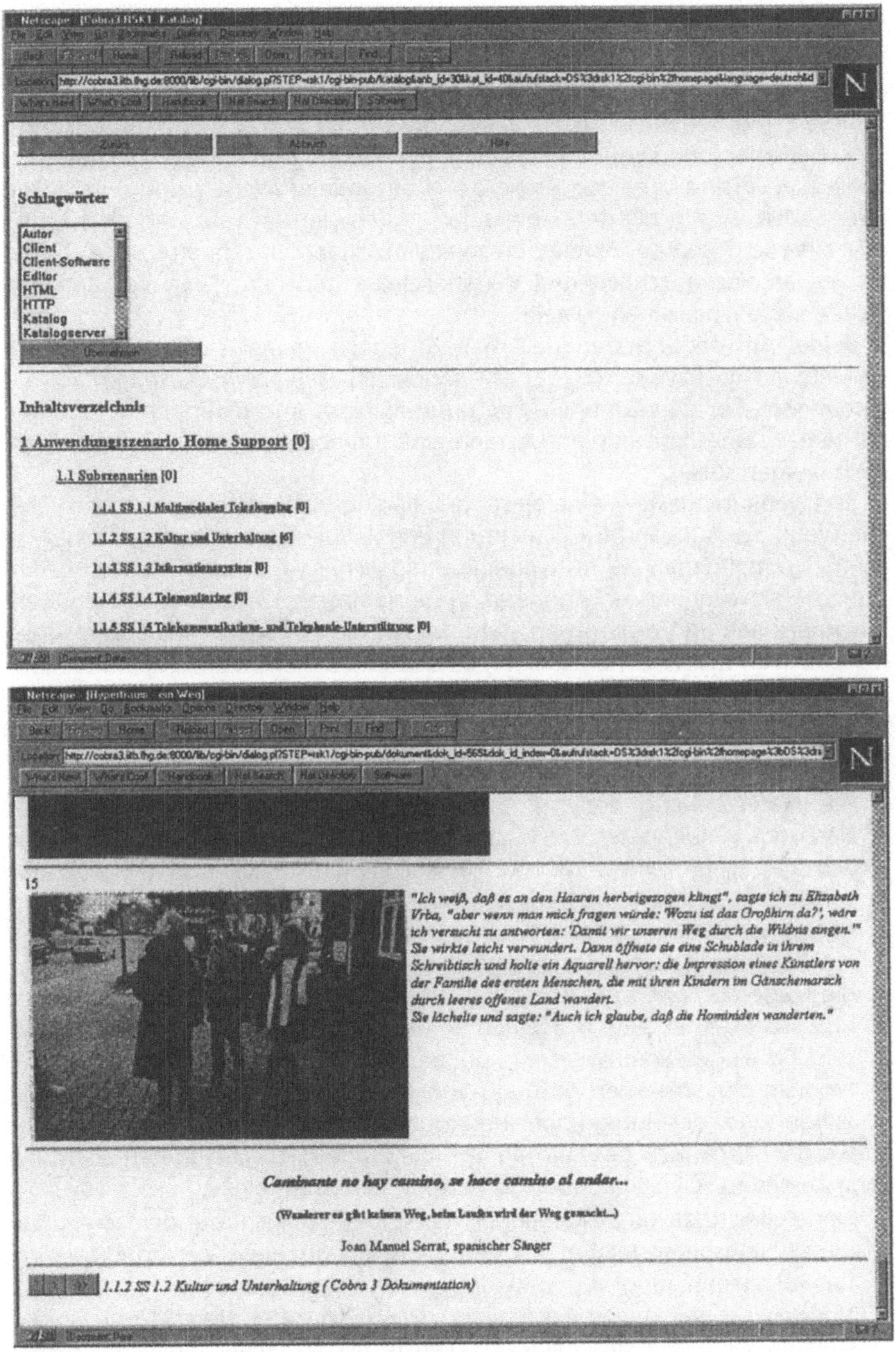

Schlagwörter

Autor
Client
Client-Software
Editor
HTML
HTTP
Katalog
Katalogserver

Inhaltsverzeichnis

1 Anwendungsszenario Home Support [0]

1.1 Subszenarien [0]

1.1.1 SS 1.1 Multimediales Teleshopping [0]

1.1.2 SS 1.2 Kultur und Unterhaltung [6]

1.1.3 SS 1.3 Informationssystem [0]

1.1.4 SS 1.4 Telemonitoring [0]

1.1.5 SS 1.5 Telekommunikations- und Telephonie-Unterstützung [0]

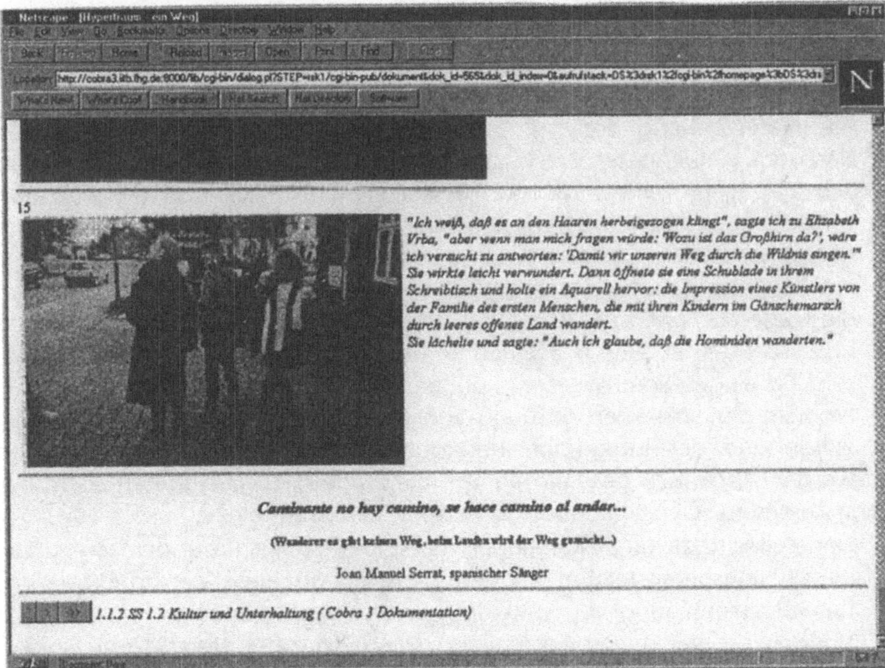

Abb. 2.2.4 Auszug aus einem elektronischen Katalog (COBRA-3 Dokumentation): (a) Schlagwortindex und Inhaltsverzeichnis, (b) Beispieldokument mit dynamisch generierten „Blätterknöpfen“ und Kapitelnachweis.

Ergebnisse und Ausblick

Prototypische Anwendungen des Elektronischen Katalogsystems kommen u.a. in zwei COBRA-3 Anwendungsszenarien – in der Informationsbörse für Senioren und Behinderte der Informations-, Anlauf- und Vermittlungsstellen (IAV) Karlsruhe und in der Logistik-Support-Börse – zum Einsatz. Die Rahmenbedingungen sind in beiden Szenarien in besonderer Weise extrem. Im ersten Fall handelt es sich bei den Anwendern durchweg um sehr unbedarfte und unerfahrene Computer-Nutzer, im zweiten Fall werden sehr strenge Anforderungen an Vertraulichkeit und Verbindlichkeit und den damit verbundenen Sicherheitsmechanismen gestellt.

Beide Anwendungsszenarien haben jedoch gemeinsam, daß (1) auf *verteilte* Art und Weise und (2) mit *hohen Aktualitätsanforderungen* von (3) verhältnismäßig *unerfahrenen Computer-Nutzern* Informationen erfaßt und als gemeinsamer Informationsbestand einer breiteren Öffentlichkeit bereitgestellt werden sollen.

Erst wenn mindestens eine dieser drei Bedingungen vorliegt, wird sich üblicherweise der Aufwand für Einrichtung und Aufbau eines Katalogs lohnen. In Szenarien, bei denen die notwendige – möglicherweise durch Rahmenbedingungen erzwungene – *Kooperation* von Firmen, Institutionen und/oder Privatpersonen im Vordergrund steht, haben die elektronischen Kataloge auf der Basis von KOKONS heute schon unschätzbare Dienste erbringen können.

Aus technischer wie aus organisatorischer Sicht muß jedoch die Weiterentwicklung der bisherigen Lösungen fortgeführt werden. Dies soll anhand zweier potentieller Anwendungsszenarien dargestellt werden:

- Die Gesetzgebung verlangt im *Umweltschutzbereich* zunehmend den Nachweis verwendeter Wert- und Gefahrstoffe. Verfahren zur Wiederverwertung sollen bereits bei der Herstellung entwickelt und dokumentiert werden. Es soll so etwas wie eine Börse für wiederverwendbare Komponenten entstehen. Da viele dieser Informationen von den Firmen bereits in eigenen Informationssystemen und/oder Datenbanken erfaßt sind, tritt hier die Frage auf, wie Teile dieser Informationen unter Wahrung von Sicherheitsaspekten in einem solchen Informationsverbund automatisch aber selektiv eingebracht werden können. Die Frage kann generell als ein Problem der selektiven Öffnung von Inhouse-Informationssystemen nach außen und der Integration heterogener Datenbestände charakterisiert werden. Technisch gesehen kommt die Frage nach geeigneten Assistenzsystemen für die Suche und Auswertung der Daten hinzu.
- Generell wird davon ausgegangen, daß die Netze nicht nur dem Zweck der Informationsbereitstellung sondern vorwiegend auch der Effektivierung und Beschleunigung von *Verwaltungsvorgängen* dienen sollen. Ein elektronischer Katalog von Formularen (Masken) zur Unterstützung solcher Abläufe kann hier unschätzbare Dienste leisten. Wenn auch aus Sicherheits- und Vertraulichkeits-Überlegungen heraus die Akzeptanz für ein solches System möglicherweise noch gering ist, so kann es heute schon zur

Vorbereitung diverser Vorgänge („Downloaden" von Formularen für die Steuererklärung) sehr hilfreich sein.

An dieser Stelle sollen notwendige technische Weiterentwicklungen der elektronischen Kataloge skizziert werden, mit deren Hilfe die oben anvisierten Aufgaben gelöst werden können. Es muß jedoch vorher erneut betont werden, daß hierbei weniger die Entwicklung technischer Neuerungen als vielmehr die konsequente Nutzung verfügbarer Technologien im Vordergrund steht.

Einfachere und bequemere Installation, Verwaltung und Wartung von Katalogen

Mit den Entwicklungen für die Verwalterumgebung wurden erste Schritte in diese Richtung unternommen. Es geht vor allem darum, Low-Cost Turn-Key Lösungen zu entwickeln bzw. zusammenzustellen, die auch von sozialen Einrichtungen, Schulen, Ämtern bis hin zu privaten Interessenverbänden ohne große Vorkenntnisse genutzt werden können.

Einfachere Erstellung von Masken und Eingaben verarbeitenden Programmen

Die Erstellung von ansprechenden Eingabemasken ist mit den heute verfügbaren Möglichkeiten von HTML relativ einfach. Kopfzerbrechen bereitet jedoch nach wie vor die Übernahme und Verarbeitung der Benutzereingaben und die Anbindung an entsprechende Datenhaltungssysteme. Von kommerziellen Anbietern wie Microsoft, Netscape und ORACLE werden beinahe wöchentlich technische Neuerungen angeboten. Oft mangelt es jedoch an der entsprechenden Umsetzung und Nutzung der Technik. Wünschenswert sind Lösungen, die den Nutzer in die Lage versetzen, mit der Gestaltung der Maske gleichzeitig das zugehörige verarbeitende Programm mit einfachen Mitteln zu „beschreiben" und aus dieser Beschreibung zu generieren.

Maskenunterstützte dynamische Erstellung von multimedialen Dokumenten

Heute werden viel Geld und personeller Aufwand in die einheitliche Gestaltung und Darstellung von Informationen investiert (z.B. für Corporate Design). So sinnvoll dies sicherlich ist, um so mehr werden die Informationsträger mit Layout und Gestaltungsfragen konfrontiert, die nicht unmittelbar mit den entsprechenden Inhalten zu tun haben. Ein substantieller Teil dieser Arbeit kann mit Dokumentenvorlagen und Masken erleichtert werden, bei denen solche Gestaltungsprinzipien einmal definiert und danach automatisch umgesetzt werden, so daß sich die Informationsträger auf die Inhalte konzentrieren können.

Integration existierender Datenbestände unter Wahrung von Sicherheitsaspekten und Erfassungsabläufen

Es bleibt die generelle Frage offen, wie die Integration fachspezifischer Datenbestände effektiver gestaltet werden kann. Mit dem PC-Proxy zur Integration der COBRA-3 Datensicherheit in die WWW-Welt und dem – in Katalog und MMDB integrierten – Rollenkonzept wurden jedoch flexible, wegweisende Werkzeuge zur Lösung der Security- und Zugriffs-Problematik geschaffen.

Such- und Auswertesysteme, Nutzung fachspezifischer Auswerte-Verfahren- und Algorithmen

Nicht nur die Bereitstellung von Dokumenten und Informationen, auch die Nutzung fachspezifischer Auswerteverfahren und Algorithmen kann mit Hilfe von elektronischen Katalogen unterstützt werden (Stichwort: Methodenbanken). Notwendig sind Konzepte, die dem Experten die Bereitstellung und dem Endkunden die Nutzung auf einfache Art und Weise ermöglichen.
Für die weitere Entwicklung muß jedoch die Nutzung Vororts nach wie vor im Vordergrund stehen. Die Probleme und Anregungen seitens der Anwender, mit denen wir im bisherigen Ablauf von COBRA-3 konfrontiert wurden, geben uns Anlaß zu glauben, daß dies eine lohnende, wenn auch oft nicht gebührend beachtete Aufgabe darstellt.

Kontaktadresse

Fraunhofer-Institut für Informations- und Datenverarbeitung, IITB
Fraunhoferstr. 1
76131 Karlsruhe
Dipl.-Inform. Fernando Chaves
Tel.: 0721/6091-509
Fax: 0721/6091-413
Email: cha@iitb.fhg.de
WWW: http://www.iitb.fhg.de/

2.3 Multimedia-Datenbank

Dr.-Ing. Gabriele Englert
Dipl.-Inform. Andreas Wiener
Fraunhofer-Institut für Graphische Datenverarbeitung, IGD

Der Mensch verarbeitet Informationen in der Regel durch mehrere Sinnesorgane gleichzeitig, z.B. durch Sehen und Hören. Im Computerbereich kann dies genutzt werden, um Informationen möglichst präzise und eindrucksvoll dem Anwender zu vermitteln. Die dazu notwendigen Daten sind multimediale Daten. Sie enthalten im Gegensatz zu monomedialen Daten mehrere Medien und sprechen dadurch auch mehrere Sinnesorgane des Menschen an. Das bedeutendste Multimedium ist der Film, wo sowohl die Augen, als auch die Ohren angesprochen werden.

Im Computer-Bereich werden die Medien nicht an die Sinnesorgane gebunden, sondern an computertechnische Eigenschaften. So ergeben sich im Bereich der Bilder weitere Unterscheidungen wie Standbilder, Bewegtbilder und Animationen.

Die Multimedia-Datenbank (MMDB) unterstützt multimediale Anwendungen bei der Verwaltung, Archivierung und Weiterverarbeitung von unterschiedlichen mono- und multimedialen Daten. Sie stellt hierfür medienspezifische Objektklassen mit entsprechenden Methoden zur Verfügung. Neben den klassischen Funktionen eines Datenbanksystems für das Eintragen und Auslesen der Daten in bzw. aus der Datenbank sind dies zum Beispiel Ausschnittbildung und Verwaltung von unterschiedlichen Rasterauflösungen bei Bildern sowie die Freitextsuche für das Medium Text. Für alle in der MMDB verwalteten Objekte steht zusätzlich eine hierarchische Schlagwortsuche und eine automatische Formatkonvertierung innerhalb der Medientypen zur Verfügung.

Derzeit werden die Monomedien Bild, Text, Ton und Video unterstützt. An Multimedia-Objekten stehen HTML-Dokumente und zeitlich synchronisierte Präsentationen zur Verfügung. Einzelkomponenten einer Präsentation sind alle von der MMDB unterstützten mono- und multimedialen Objekttypen. Zusätzliche Funktionalität stellt die MMDB über die Objektklassen Blob (binary long object) und Java-Applets bereit.

Die MMDB eignet sich besonders dort, wo viele oder komplexe Daten verwaltet werden sollen. Hierzu zählen unter anderem sowohl Hypermedia- als auch Video-Server.

Besonderheiten multimedialer Daten

Der Begriff Multimedia ist derzeit überall zu lesen. Im Bereich der Hardware hat sich ein Rechner mit Video- und Audioausgabe und den entsprechenden Hardware-Komponenten als Multimedia-Rechner etabliert. Im Bereich der Software stellt sich vor allem die Frage nach der Ablage und Verwaltung der Daten. Ein wichtiger Gesichtspunkt ist hierbei die Berücksichtigung der besonderen Merkmale von multimedialen Daten. Multimediale Daten zeichnen sich vor allem durch vier Charakteristika aus:

- die Größe der Medienobjekte,
- die Anzahl der Medienobjekte,
- die Verknüpfung zwischen Medienobjekten und
- die unterschiedlichen Ablageformate der Medien.

Bei der Datenablage müssen diese wichtigen Gesichtspunkte berücksichtigt werden. Dies bedeutet zum einen, daß die Datenhaltung sehr große und sehr viele Datenobjekte aufnehmen können muß, zum anderen unterschiedliche Ablageformate mit ihrer oft komplexen internen Struktur unterstützt werden müssen. Die Verknüpfung von monomedialen Datenobjekten zu multimedialen Datenobjekten sollte sich so einfach wie möglich gestalten. Hier ist zu gewährleisten, daß Objekte mehrfach referenziert werden können.

Die Multimedia-Datenbank

Wie in der Einleitung bereits beschrieben, stellt die MMDB einen generischen Dienst zur Verfügung, mit dessen Hilfe mono- und multimediale Objekte verwaltet, archiviert und weiterverarbeitet werden können.

Um den oben genannten Anforderungen an multimediale Daten gerecht zu werden, wurde die MMDB objektorientiert gestaltet, so daß die interne Datenstruktur der MMDB-Objekte nicht auf die Struktur der Datenhaltung abgebildet werden muß, da diese Konvertierung zusätzliche Rechenzeit benötigt und das System fehleranfälliger macht. In der MMDB werden die einzelnen Medien als Objektklassen definiert und mit entsprechenden Methoden ausgestattet.

Die Multimedia-Datenbank setzt auf ein kommerzielles Datenbanksystem auf, dessen Operationen für die klassische Datenbankfunktionalität weiterhin genutzt werden können.

Der Benutzer hat zwei Möglichkeiten, die MMDB einzusetzen. Zum einen kann er mit Hilfe der angebotenen Werkzeuge die Daten in der Datenbank ablegen, bearbeiten, löschen und über das WWW-Interface einem breiten Benutzerkreis zur Verfügung stellen, zum anderen kann er auch mit Hilfe der Programmierschnittstelle die MMDB in eigene Programme einbinden. Hierbei ist auch eine Erweiterung der von der MMDB angebotenen Datentypen möglich.

Die Architektur der MMDB

Der Kern der MMDB besteht aus dem kommerziellen Datenbankmanagement-System „Versant". Dieses objektorientierte System bietet eine Client-Server-Architektur mit Zugriff auf Datenbanken über beliebige Netze.

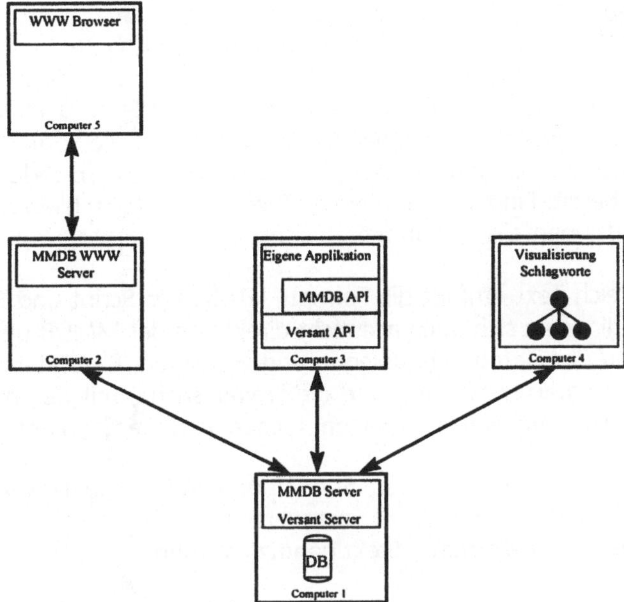

Abb. 2.3.1 Architektur der MMDB

Innerhalb der MMDB wurden Klassen entwickelt, welche die Fähigkeiten dieses Datenbanksystems um mono- und multimediale Objekte erweitert. Auf dieser so entstandenen C++-Klassenbibliothek können beliebige Programme aufgesetzt werden.

Ein Bestandteil der MMDB ist ein spezieller datenbankspezifischer WWW-Server. Dieser ermöglicht den schnellen, flexiblen und sicheren Zugriff auf Datenbanken über das WWW (World Wide Web). Weitere Kommandozeilenprogramme erlauben das Eintragen, Ändern und Löschen von Objekten.

Abb. 2.3.1 zeigt die Architektur der MMDB und den Zugriff auf die MMDB über das Netz.

Die Funktionalität der MMDB

Die Funktionalität der MMDB wird durch drei Bereiche abgedeckt:

- Objektklassen für die einzelnen mono- und multimedialen Typen, einschließlich der medienspezifischen Operationen.
- Zusatzobjekte, die keinem Medientyp entsprechen, dem Anwendungsprogrammierer jedoch wertvolle Unterstützung bieten.
- Allgemeine Methoden, die auf allen von der MMDB bereitgestellten Objektklassen arbeiten.

Durch Erweiterung und Benutzung der Programmierschnittstelle kann von Anwendungsprogrammierern die Funktionalität der MMDB um applikationsspezifische Klassen und Methoden erweitert werden.

Objektklassen
Von der MMDB werden verschiedene Medien direkt unterstützt.

Bilder: Bilder können in den Formaten JPEG, GIF, TIFF und PNM abgelegt werden. Als medienspezifische Operationen stehen hier die Format-konvertierung, die Ausschnittbildung (siehe Abb. 2.3.2) und die Farb-reduzierung (24 Bit auf 8 Bit) bereit. Eine Verwaltung von Bildern in unter-schiedlichen Rasterauflösungen ist ebenfalls vorhanden.

Text: Der Bereich Text umfaßt die Formate HTML, PostScript und 8-Bit-ASCII. Mit 8-Bit-ASCII lassen sich auch alle nicht direkt von der MMDB unterstützten Textformate in der Datenbank ablegen und verwalten. Besonders zu erwähnen ist die Formatkonvertierung und die Freitextsuche, mit deren Hilfe nach Texten, die bestimmte Worte enthalten, recherchiert werden kann.

Ton: Ton kann in den Formaten SunAU und WAV abgelegt und in das entsprechend andere Format konvertiert werden; somit können die gebräuchlichen Audio-Formate direkt genutzt werden.

Video: Video kann in den Formaten MPEG, MPEG2, H261, Cell A und Cell B

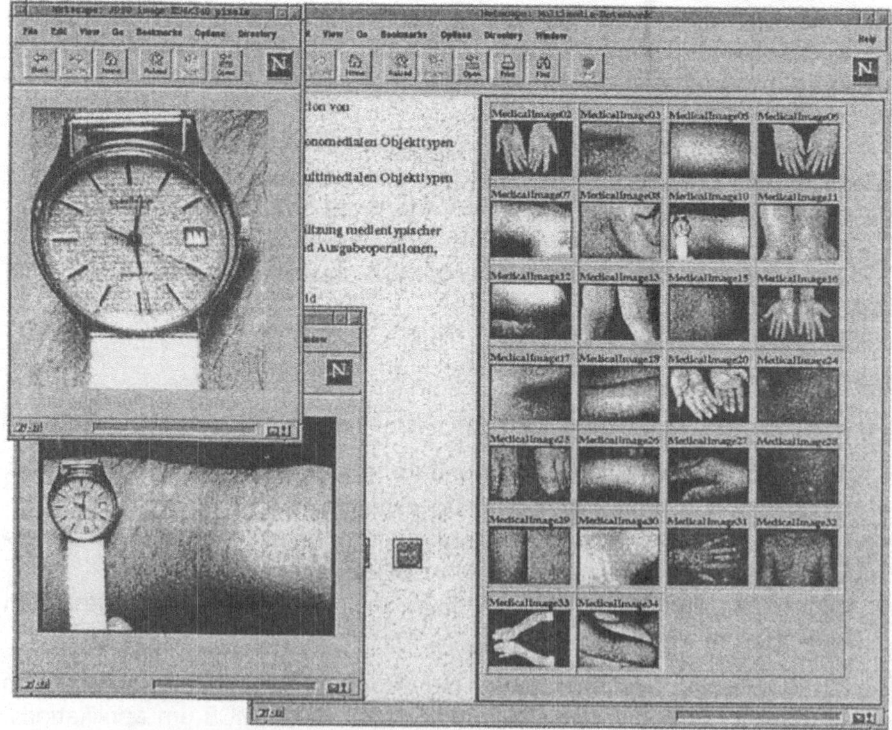

Abb. 2.3.2 Ausschnittbildung bei Bildern (WWW)

abgelegt und gelesen werden. Eine Referenzierung von Teilvideos in der MMDB ist ebenfalls möglich.

Präsentationen: Mehrere Objekte innerhalb der MMDB können zu beliebigen Präsentationen zusammengefaßt werden. In einer Präsentation werden die einzelnen Objekte bzw. Medien in einen zeitlichen Zusammenhang gebracht. Es stehen unterschiedliche Synchronisationsmechanismen, wie z.B. „starte Video mit Ton" oder „stelle Bild 5 Sekunden lang dar", bereit.

Hypertext: Hypertextformate zeichnen sich durch eine Verkettung von Dokumenten über sogenannte Hyperlinks aus. Ein Hyperlink ist dabei ein Verweis auf ein anderes Dokument, wobei ein Dokument durch ein oder mehrere Medien repräsentiert ist. Durch Hyperlinks kann man schnell zusätzliche Informationen zu einem Dokument erreichen.

Hyperlinks sind in der MMDB als Objektklasse modelliert. Hiermit können beliebige Referenzen innerhalb der Datenbank abgebildet werden. Das in die MMDB integrierte Hypertextformat HTML ist kein reines Textformat, sondern eine Beschreibung eines multimedialen Dokumentes, welches mit sog. Hyperlinks andere Dokumente und Objekte referenziert.

Dieses Format zeigt deutlich die Probleme mit Hyperlinks. In HTML kann ein beliebiges Dokument auf ein anderes Dokument verweisen, ohne daß das referenzierte Dokument davon etwas weiß. Wird nun das referenzierte Dokument gelöscht oder geändert, so wird das verweisende Dokument inkonsistent.

Innerhalb der MMDB werden deshalb alle Referenzen aufgelöst und in die Datenbank miteingetragen. Hierdurch kann auf Änderungen in einem referenzierten Dokument eingegangen werden und entsprechende Maßnahmen zur Konsistenzsicherung angestoßen werden. Mögliche Aktionen sind hier z.B. Austragen des Verweises, Verbot des Löschens oder Einbinden eines anderen Dokumentes.

Zusatzobjekte

Weiterhin stehen dem Benutzer die folgenden Objektklassen zur Verfügung:

Binary long object: Ein binary long object (Blob) ist ein Objekt, in welchem beliebige Bytefolgen abgelegt werden können. Hiermit können z.B. sehr einfach Powerpoint-Folien oder Grafikobjekte in der MMDB eingetragen werden. Die Datenbank überprüft hierbei jedoch nicht die Richtigkeit der Daten, sondern legt die Daten ab und gibt sie so wieder aus, wie sie eingetragen wurden. Es steht keinerlei Konvertierungsfunktionalität zur Verfügung.

Java-Applet: Mit der Programmiersprache Java wurde das WWW interaktiv. Die MMDB unterstützt hierzu die Verwaltung der für Applets benötigten Klassenbibliotheken.

Fähigkeiten der MMDB
Im folgenden werden die Fähigkeiten der MMDB kurz beschrieben.

Schlagwortverwaltung: Schlagworte ermöglichen die Gruppierung von Objekten in der MMDB. Im Gegensatz zur Freitextsuche können mit der Schlagwortsuche alle Objekttypen der MMDB referenziert werden. Die Suche ist somit nicht auf das Medium Text beschränkt. Durch eine hierarchische Anordnung der Schlagworte innerhalb der MMDB kann die Suche noch effizienter erfolgen. Die Suche kann dabei entweder nur auf direkt referenzierten Objekten erfolgen, oder rekursiv auf alle Unterschlagworte erweitert werden. Abb. 2.3.3 zeigt einen hierarchischen Schlagwortgraphen.

Zugriffsschutz: Ein wichtiges Kriterium bei der Bereitstellung und Verwaltung von Daten ist die Frage nach der Sicherheit. Hier wurde in der MMDB ein Zugriffsschutz auf Objektebene entwickelt. Dies bedeutet, das für jedes Objekt Zugriffsrechte vergeben werden können. Das verwendete Rollenkonzept ist an das V-Modell des BMVg angelehnt. Im Rollenkonzept übernimmt jeder Benutzer eine bestimmte Rolle innerhalb eines bestimmten Kontextes. Durch die Rolle, die ein Benutzer innerhalb eines Kontextes spielt, werden seine Zugriffsrechte auf bestimmte Dokumentarten festgelegt. Durch die Zuweisung eines Objektes zu einer bestimmten Dokumentart innerhalb eines Kontextes kann der Autor automatisch die Zugriffsrechte festlegen, ohne daß er direkt Rechte an Benutzer vergeben muß. Als Erweiterung zum V-Modell können die Benutzer zu Benutzergruppen zusammengefaßt werden. Abb. 2.3.4 zeigt ein Beispiel für eine Zugriffsverwaltung.

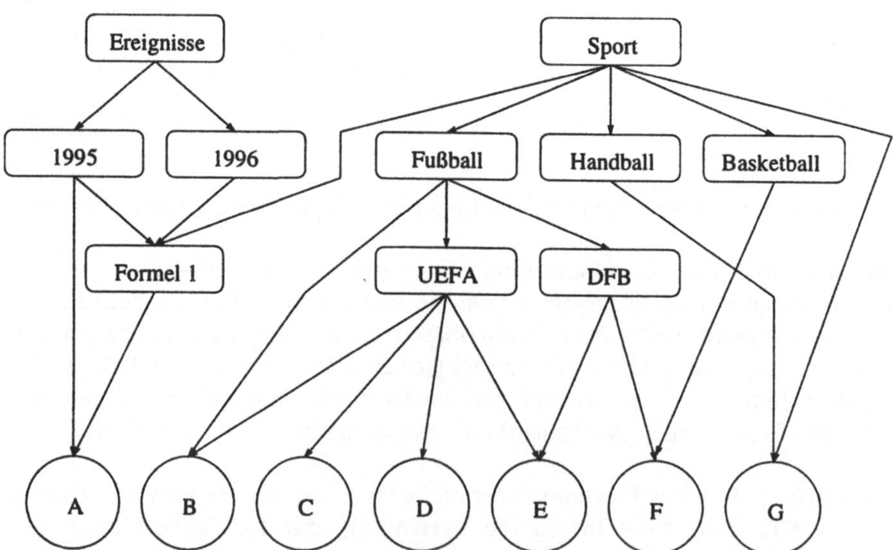

Abb. 2.3.3 Beispiel einer Schlagworthierarchie

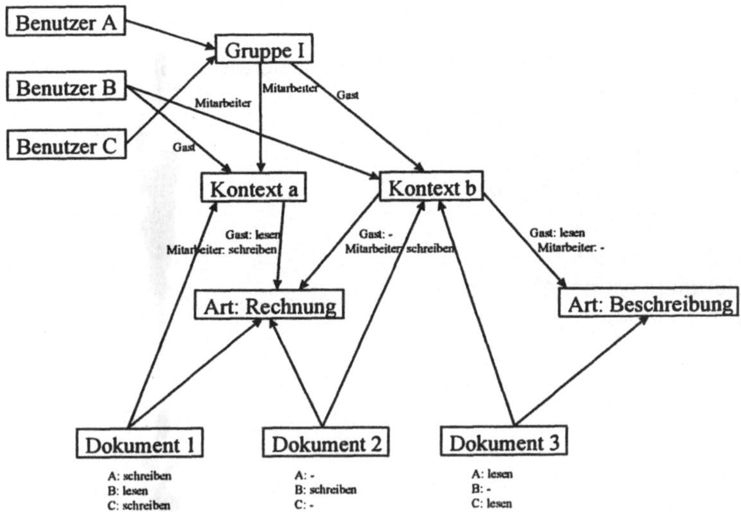

Abb. 2.3.4 Beispiel einer Zugriffsverwaltung

Crossplatform-Zugriff auf Datenbanken: Die MMDB ist auf unterschiedlichen Rechnerplattformen lauffähig, wobei von einer Plattform auf Datenbanken zugegriffen werden kann, die auf einem anderen Rechnersystem abgelegt wurden, z.B. von Windows-NT auf eine UNIX-Datenbank.

Kompression der Daten bei der Netzübertragung: Bei der Übertragung der Daten über ein Wide-Area-Network (WAN) kann es schnell zu Engpässen kommen, besonders wenn die Daten über eine Modemleitung versendet werden. Hier bietet die MMDB die Möglichkeit, die Daten auf der Server-Seite zu komprimieren, dann die komprimierten Daten zu übertragen, danach auf der Client-Seite zu dekomprimieren und dem Anwendungsprogramm bereitzustellen. Für die Anwendung läuft dieser Prozeß unsichtbar im Hintergrund ab und kann durch einen Schalter an oder aus geschaltet werden.

Ausblick

Zukünftige Erweiterungen werden vor allem im Bereich WWW und weiteren Medientypen und -formaten vorgenommen. Hierbei wird die Flexibilität der einzelnen Komponenten erweitert. Eine im WAN verteilte Datenhaltung wird ebenfalls angestrebt.

Kontaktadresse

Fraunhofer-Institut für Graphische Datenverarbeitung, IGD
Wilhelminenstraße 7
64283 Darmstadt
Dr.-Ing. Gabriele Englert
Dipl.-Inform. Andreas Wiener
Tel.: 06151/155-135
Fax: 06151/155-199
Email: {englert,wiener}@igd.fhg.de
WWW: http://www.igd.fhg.de

2.4 Hypermedia

Dr.-Ing. Gabriele Englert
Dipl.-Inform. Klaus Heinz
Fraunhofer-Institut für Graphische Datenverarbeitung, IGD

Hypermedia bedeutet die Verknüpfung von Informationen, bestehend aus unterschiedlichen Medientypen wie Text, Graphik, Animation, Video und Ton zu multimedialen Dokumenten. Diese Dokumente können ihrerseits durch Querverweise (*Links*) untereinander verbunden werden. Mit geeigneten Werkzeugen (*Browser*) kann ein Benutzer die Dokumente betrachten und dabei der Verweisstruktur in beliebiger Weise folgen.

Das zur Zeit am weitesten verbreitete Hypermediasystem ist das *World Wide Web* (WWW). Mechanismen zum Anbieten (*Server-Software*) und Abfragen (*Client-Software*) von Dokumenten stehen dort schon zur Verfügung; andere Funktionen – wie die Möglichkeit zur Übertragung von Daten vom Client zum Server oder der Verschlüsselung von Daten in dieser Richtung – fehlen dagegen oder sind noch wenig verbreitet.

Idealerweise werden Arbeiten wie die Erzeugung und Bearbeitung von hypermedialen Dokumenten in einer im WWW integrierten Autorenumgebung durchgeführt, die auch die Einbindung der Dokumente in einen über ein *Wide-Area-Network* (WAN) verteilten Datenbestand unterstützt. Eine solche Umgebung benötigt neben den (vorhandenen) Bausteinen zum reinen Abruf der Dokumente auch die Möglichkeit zum Einbringen der Daten in den Informationsbestand sowie zur Datenmanipulation wie z.B. Verschlüsselung zur sicheren Übertragung oder Komprimierung zur schnelleren und damit kostengünstigeren Übertragung. Diese Basisfunktionalität wird mit den hier vorgestellten Werkzeugen PC-Proxy und Dienstzugangspunkt (DZP) zur Verfügung gestellt.

World Wide Web

Das World Wide Web ist ein Client/Server-System: Es gibt auf der einen Seite Anbieter, die ihre Informationen auf einem Rechner mittels eines WWW-Servers zur Verfügung stellen; auf der anderen Seite des Netzwerks gibt es Nutzer, die die Informationen auf ihrem lokalen Rechner über ein WWW-Clientprogramm (WWW-Browser) abfragen können. Die beiden Programme, WWW-Server und -Client, kommunizieren über das HyperText-Transfer-Protokoll (HTTP). Ihre Kommunikation ist nicht auf ein lokales (Firmen-) Netz beschränkt, sondern auch weltweit möglich, sofern beide an ein entsprechendes Weitverkehrsnetz, wie es z.B. das Internet darstellt, angeschlossen sind. Dies ist heute sowohl bei Firmen als auch bei Privatpersonen schon weit verbreitet.

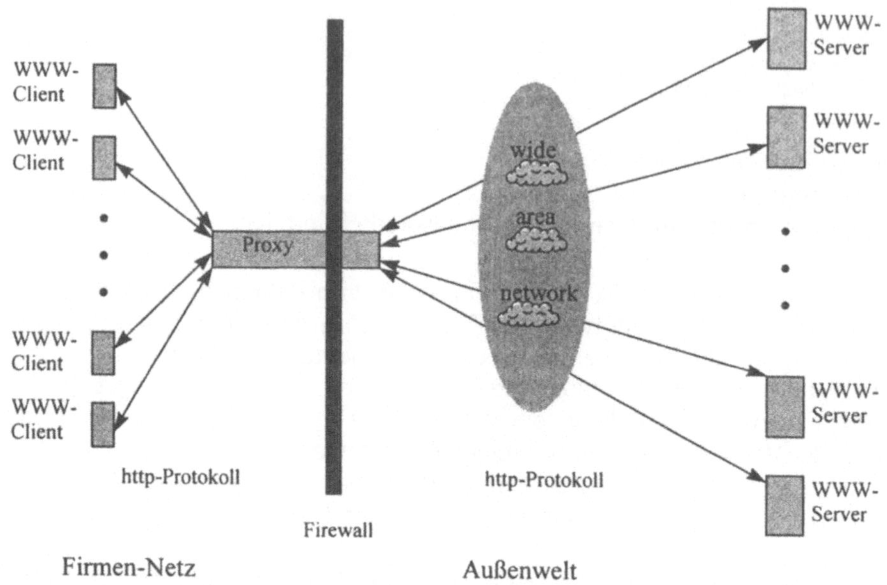

Abb. 2.4.1 Firmen im World Wide Web

Firmen, die als Informationsanbieter fungieren, haben jedoch noch weitergehende Anforderungen:

- Schutz der eigenen Software-Domäne durch effiziente *Firewalls*.
  Es soll ausgeschlossen werden, daß auf nur für internen Gebrauch bestimmte Datenbestände von außen zugegriffen wird. Andererseits muß sichergestellt werden, daß Anfragen aus dem internen Bereich nach außen weitergeleitet werden.
- Lokale Zwischenspeicherung oft verwendeter WWW-Dokumente (*Caching*).
  Diese Zwischenspeicherung reduziert die Zugriffszeiten und Kommunikationskosten in Weitverkehrsnetzen.

Beide Anforderungen werden durch sogenannte *HTTP-Proxies* erfüllt. Ein HTTP-Proxy ist ein Netzwerkdienst, der zwischen Clients und Servern vermittelt, die nicht direkt miteinander in Verbindung treten können, etwa wenn zwischen ihnen ein Firewall liegt. Jede Nachfrage nach einem Dokument wie auch die Weiterleitung des empfangenen Dokuments läuft dann über den HTTP-Proxy, so daß dieser die für die genannten Anforderungen notwendigen Operationen durchführt.

Die Dokumente, die über einen WWW-Server zur Verfügung gestellt werden, bestehen zu einem großen Teil aus Texten, die im HTML-Format (*HyperText Markup Language*) vorliegen. Dieses Format dient dazu, die Verknüpfung mit den anderen Medientypen (Graphik, Audio, Video, etc.) herzustellen. Für die Erstellung der HTML-Dokumente mit einem konventionellen Texteditor sind gute Kenntnisse der HTML-Befehle notwendig. Dies ist aber für Personen mit einem vollständig nichttechnischen Hintergrund sehr schwierig.

Folgerichtig kommen immer mehr HTML-Editoren auf den Markt, die es ermöglichen, HTML-Dokumente graphisch-interaktiv zu erstellen, ohne Formatierungsbefehle von HTML direkt verwenden zu müssen. Einige dieser Produkte bauen dabei auf den Fähigkeiten vorhandener Textverarbeitungssysteme auf (z.B. StarWriter oder WinWord) und versuchen dem Nutzer soweit wie möglich die gewohnte Umgebung zu bieten; andere Produkte bieten einen speziell an die HTML-Formatierung angepaßten Editor.

Der Markt für WWW-Software hat sich im Verlauf des letzten Jahres äußerst dynamisch entwickelt. Die Anzahl der Produkte und die Vielzahl ihrer Eigenschaften ist mittlerweile so groß, daß eine Übersicht schwer zu gewinnen und zu behalten ist. Im Rahmen des COBRA-3 Projektes erstellte das Fraunhofer-Institut für Graphische Datenverarbeitung, IGD Studien über die aktuell verfügbaren Produkte in den Bereichen:

- HTML-Editoren
- WWW-Browser
- WWW-Server

Die verfügbaren Produkte für die Erstellung von Dokumenten im Bereich Hypermedia/WWW sind entweder nicht in einem Gesamtsystem integriert oder aber die Integration ist derart spezifisch gelöst, daß es keine Möglichkeit gibt, sich in einer Art Baukastensystem die gewünschten Komponenten zusammenzustellen. Notwendig für ein solches System sind unter anderem:

- Die Möglichkeit, aus einer Applikation heraus auf WWW-Server zugreifen zu können. Dieser Zugriff sollte sowohl den Empfang vom als auch die Übertragung beliebiger Daten zum WWW-Server umfassen.
- Die Notwendigkeit, vorhandene WWW-Browser auf die gleiche Weise um eine spezifische Funktionalität zu erweitern.

Beide Anforderungen werden zur Zeit nicht von den auf dem Markt verfügbaren Produkten erfüllt. Die Werkzeuge Dienstzugangspunkt und PC-Proxy sind ein Schritt in diese Richtung.

Bewertung und Auswahl von Werkzeugen

In den bereits erwähnten Studien [2.4.2], [2.4.3], [2.4.4] wurden die HTML-Editoren, WWW-Browser und WWW-Server in mehrstufigen Tests bewertet.

Es wurden nur Produkte bewertet, die den Rahmenanforderungen standhielten. Diese Anforderungen umfaßten einen Höchstpreis, die Verfügbarkeit einer Vollversion für die Plattformen Windows oder UNIX zum Zeitpunkt des Tests und die Weiterentwicklung und Wartung des Produkts.

Bei diesen ausgewählten Produkten wurden die funktionalen Mindestanforderungen überprüft. Die Kriterien für den Test wurden so gewählt, daß ein Produkt, das allen Kriterien genügt, ausreichend für den sinnvollen Einsatz in der Praxis ist. Für WWW-Browser handelte es sich z.B. um die Funktionsgruppen:

- Darstellung
- Navigation und Browsing
- Dateimanagement
- Netzwerkoptionen
- Sicherheit

In einem anschließenden Praxistest wurden die Produkte in einem typischen Nutzungsszenario untersucht. Dabei wurden sowohl die Mindestfunktionalität als auch die speziellen Eigenschaften der Produkte getestet und ihre Benutzerfreundlichkeit in Bezug auf folgende Punkte bewertet:

- intuitive Bedienbarkeit
- individuelle Anpassbarkeit
- Strukturierungsmöglichkeiten
- Orientierung
- Performanz

Als Ergebnis der Studien stand am Ende entweder eine direkte Empfehlung eines oder mehrerer Produkte oder aber, wie bei den WWW-Servern, eine tabellarische Übersicht von Bewertungen anhand spezifischer Kriterien, um so dem Leser eine geeignete Entscheidungsgrundlage für seine spezielle Anwendung zu geben.

Für MS-Windows wurde von den verfügbaren HTML-Editoren der MS Internet-Assistant für WinWord empfohlen, unter UNIX wurde mit asWedit eine frei verfügbare Software als bester Editor bewertet.

Als bester WWW-Browser auf den Plattformen MS-Windows und UNIX wurde der Netscape Navigator empfohlen.

Die Bewertung von WWW-Servern für UNIX oder Windows NT zeigte für übliche Einsatzgebiete die Server von Netscape an der Spitze. Nur unter UNIX konnte der frei verfügbare WWW-Server Apache eine ähnliche Leistung zeigen.

Einbindung von Zusatzfunktionalität in WWW-Browser

Will man die Fähigkeiten eines WWW-Browsers erweitern, so kann dies auf zwei Arten geschehen. Manche WWW-Browser (z.B. der Netscape Navigator) bieten eine offengelegte Schnittstelle, über die externe Module (*Plugins*) angesprochen werden können. Diese Module dienen unter anderem dazu, neue Datenformate, mit denen der Browser selbst nichts anfangen kann, innerhalb des Browsers darzustellen. Der Nachteil dieser Methode ist die Festlegung auf ein bestimmtes Produkt durch Nutzung einer Browser-spezifischen Schnittstelle; Plugins sind nicht zwischen verschiedenen Browsern austauschbar.

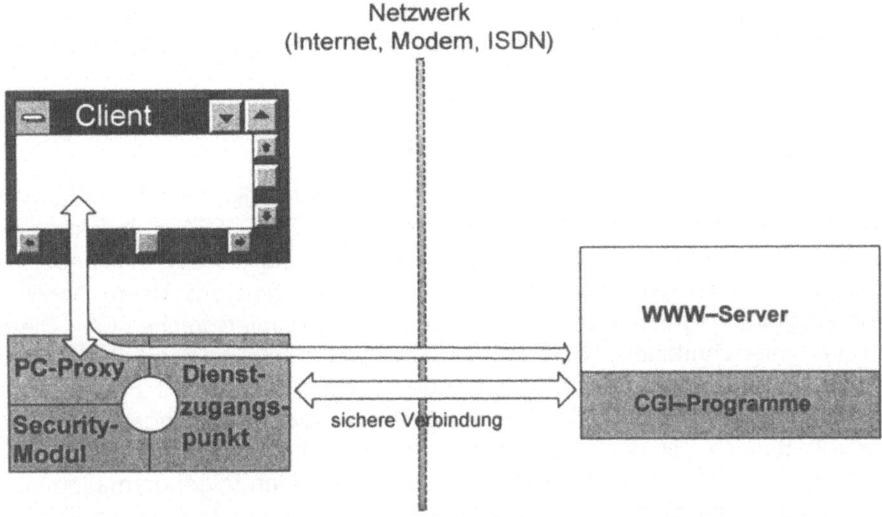

Abb. 2.4.2 Zusammenspiel des PC-Proxy mit dem Dienstzugangspunkt (DZP), dem Security-Modul und einem WWW-Server

Der zweite Weg besteht darin, die Fähigkeit der Browser zur Nutzung eines HTTP-Proxy zu verwenden. Im Rahmen des COBRA-3 Projektes wurde dies z.B. genutzt, um mit dem sogenannten PC-Proxy Sicherheitsfunktionen über das WWW verfügbar zu machen.

Nach dem Verbindungsaufbau analysiert der PC-Proxy die übertragenen HTTP-Protokoll-Elemente und reagiert auf anwendungsspezifische Elemente, indem er z.B. Daten verschlüsselt, Programme startet oder vom Benutzer Eingaben entgegennimmt. Kommen diese Protokoll-Elemente im Datenstrom nicht vor, so reicht der PC-Proxy die Daten transparent durch.

Nutzung des PC-Proxy in COBRA-3

Eine Beispielanwendung des PC-Proxy ist die Nutzung eines in COBRA-3 realisierten Sicherheitsmoduls zur Verschlüsselung und Signierung von Daten, die zwischen WWW-Client und WWW-Server übertragen werden. Wird eine gesicherte Übertragung von Daten gewünscht, so signalisiert der WWW-Server bzw. die dort ablaufenden CGI-Programme dies dem PC-Proxy durch spezielle, zusätzliche HTTP-Protokoll-Elemente. Der PC-Proxy erkennt diese Elemente und führt die notwendigen Operationen (Authentifizierung, Verschlüsselung, Signierung, etc.) mittels eines Security-Moduls durch. Dieser Vorgang findet völlig unabhängig und unbemerkt vom WWW-Client statt.

Analog zu den üblichen WWW-Proxies dient der hier vorgestellte PC-Proxy als zwischengeschalteter Software-Baustein zwischen WWW-Client (z.B. Browser) und dem Netz, über das mit dem WWW-Server kommuniziert wird (Abb. 2.4.2). Allerdings nimmt der PC-Proxy hier andere Aufgaben wahr als *Caching* oder die Verbindung nach außen durch den *Firewall* hindurch. Ein weiterer Unterschied zu den üblichen WWW-Proxies ist, daß der PC-Proxy lokal auf dem Rechner des Endanwenders läuft und nicht auf einem zentralen *Gateway*-Rechner.

Nutzung von WWW-Servern in Applikationen

Für die Nutzung von WWW-Servern für Telekommunikationsanwendungen wird ein Dienstzugangspunkt (DZP) benötigt. Der im COBRA-3 Projekt realisierte DZP erlaubt beliebigen Applikationen den Zugriff auf WWW-Server über das HyperText-Transfer-Protokoll HTTP. Er besteht aus einem Application-Programming-Interface (API) für die Programmiersprache "C". Diese Programmierschnittstelle wird in der Applikation genutzt, um Daten von einem WWW-Server zu empfangen oder dorthin zu senden. Beispiele für Einsatzmöglichkeiten sind im Netz verteilte Autorenumgebungen oder der Security-Bereich bei der Übertragung verschlüsselter Daten im WWW. Die Nutzung des DZP innerhalb einer Applikation sieht dann folgendermaßen aus:

Nach der Initialisierung der notwendigen Ressourcen kann die Applikation für jeden Zugriff auf einen WWW-Server eine HTTP-Verbindung anfordern. Entsprechend dem Aufbau von HTTP [2.4.1] wird dann von der Applikation die Anfrage nach einem bestimmten Dokument (bezeichnet durch einen sogenannten *Uniform Resource Locator URL)* über eine DZP-Funktion abgesetzt (*full-request*). Diese Anfrage kann nicht nur dazu dienen, ein Dokument des Servers abzufragen, sondern auch beliebige Daten an eine URL-Adresse zu schicken. Diese Möglichkeit ist durch die Verwendung der HTTP-Übertragungsart *POST* gegeben, die von WWW-Browsern nur zur Übermittlung von Daten aus Formularen genutzt wird.

Als Reaktion auf eine Anfrage (mit oder ohne zusätzliche Daten) schickt ein WWW-Server immer eine Antwort (*full-response*). Sie besteht entweder aus dem nachgefragten Dokument oder einer Fehlermeldung und wird der Applikation durch eine Reihe von DZP-Funktionen zur Verfügung gestellt.

Nach der Übermittlung der Antwort ist die Verbindung mit diesem WWW-Server beendet. Typischerweise wird eine Applikation eine Reihe weiterer Verbindungen mit dem gleichen oder anderen Servern mit Hilfe des DZP aufbauen und vor Beendigung des Programms die vom DZP-API belegten Ressourcen mit einem letzten Funktionsaufruf wieder freigeben.

Beispielhaft genutzt wird der Dienstzugangspunkt im PC-Proxy. Er verwendet ein speziell erweitertes HTTP zur Kommunikation mit den WWW-Servern. Der Dienstzugangspunkt stellt über die reinen Nutzdaten hinausgehend (z.B. den HTML-Seiten) den Zugriff auch auf die zusätzlichen Protokoll-Elemente von HTTP zur Verfügung, so daß der PC-Proxy diese Elemente analysieren kann.

Der Dienstzugangspunkt setzt auf dem Windows-Socket-Standard auf und wurde mit MS Visual C++ unter Windows 3.11 entwickelt. Zur Nutzung des DZP ist ein Rechner mit Windows ab Version 3.11 und eine Anbindung an ein Netzwerk über TCP/IP (*winsock.dll* Version 1.1) notwendig, beispielsweise über ein Modem oder ISDN.

Aktuelle Entwicklungen im World Wide Web

Die leichte Bedienbarkeit und die Integration unterschiedlichster Dienste in einem WWW-Browser haben die Nutzung von Telekommunikationsdiensten sehr vereinfacht und für neue Personenkreise attraktiv gemacht. Auch Online-Dienste wie CompuServe oder T-Online haben dies erkannt und folgerichtig ihren Mitgliedern die Möglichkeit eröffnet, das World Wide Web zu nutzen. Teilweise wird sogar die Benutzungsoberfläche des WWW übernommen.

Auf der anderen Seite schließen immer mehr Firmen ihre vorhandenen Netze und EDV-Strukturen direkt oder indirekt an das Internet an und bieten Informationen über sich und ihre Produkte im WWW an. Die Öffnung der Märkte im Telekommunikationsbereich ab 1998 in Deutschland wird dazu beitragen, diesen Trend durch niedrigere Preise und bessere Infrastrukturen zu verstärken.

Gleichzeitig mit diesen organisatorischen Entwicklungen schreiten auch die Entwicklungen im WWW selbst voran. Immer mehr Firmen im EDV-Bereich unterstützen in ihren Produkten (Datenbanken, Büropakete) die Nutzung des World Wide Web. Dies zeigt, daß die Integration und der Zugriff auf Informationen im WWW über HTTP auch für Applikationen immer wichtiger wird.

Durch die schnelle Entwicklung der Standards im WWW (neue Datenformate, neue Dienste wie z.B. Video) wird in Zukunft die Modularität bzw. schnelle und einfache Erweiterbarkeit von WWW-Anwendungen eine verstärkte Bedeutung gewinnen. Die Browser-Hersteller unterstützen dies zunehmend durch offengelegte Schnittstellen für externe Module (*Plugins*). Leider sind diese Schnittstellen bisher nicht standardisiert, so daß die Module nicht zwischen Browsern austauschbar sind. Eine Lösung dieses Problems kann in der Nutzung der Programmiersprache Java bestehen. Auf diese Weise würden nicht nur die Grenzen zwischen verschiedenen Browsern überwunden sondern auch zwischen verschiedenen Betriebssystemen und Rechnerarchitekturen.

Kontaktadresse

Fraunhofer-Institut für Graphische Datenverarbeitung, IGD
Wilhelminenstr. 7
64283 Darmstadt
Dr.-Ing. Gabriele Englert
Dipl.-Inform. Klaus Heinz
Tel.: 06151/155-135
Fax: 06151/155-199
Email: englert@igd.fhg.de
WWW: http://www.igd.fhg.de/

2.5 Datensicherheit und Gebührenabrechnung in öffentlichen Netzen

Dr. rer. nat. Eckhard Koch
Dipl.-Inform. Dietmar Storck
Fraunhofer-Institut für Graphische Datenverarbeitung, IGD

Mit dem sprunghaften Anstieg von Dienstleistungen auf öffentlichen Netzen wird der Bedarf an Sicherheitsdiensten wie Authentifikation und vertraulicher sowie verbindlicher Datenübertragung immer größer. Durch geeignete Mechanismen für die Verschlüsselung von Daten mit den entsprechenden Protokollen lassen sich eine vertrauenswürdige Autorisierung, digitale Signaturen und Methoden einer korrekten Rechnungsstellung realisieren.

Eine vom Fraunhofer-Institut für graphische Datenverarbeitung, IGD realisierte Version solcher Dienste stellt den Anwendern eine einfache Schnittstelle zur Verfügung, die einen Einsatz von Sicherheitsmechanismen ohne Kenntnis der zugrunde liegenden Verfahren erlaubt. In einer verbesserten Version soll auch der Anwender Einfluß auf die eingesetzten Verfahren nehmen können, wobei er seine Bedürfnisse nicht als Versionen von Algorithmen, sondern umgangssprachlich entsprechend seinen Anforderungen formulieren kann.

Sicherheit in der Telekommunikation

Werden heute Daten auf öffentlichen Netzen transportiert, entstehen je nach Art des öffentlichen Netzes unterschiedliche Sicherheitsrisiken. Ist die Gefahr des Abhörens der Telephonleitung (ISDN oder analog) noch recht gering, steigt sie doch bei der Nutzung von Funktelephonen oder dem Internet als Übertragungsmedium. Generell muß man sich bewußt sein, daß der Transport von vertraulichen Daten auf öffentlichen Netzen nur mit Einsatz von kryptographischen Verfahren geschehen sollte.

Ein weiteres Problem ist die Authentizität der empfangenen Nachricht sowie die Korrektheit des angegebenen Absenders. Bei einem Telephongespräch verifiziert man den aktuellen Gesprächspartner an der Stimme, sofern sie aus früheren Gesprächen, die vielleicht mit persönlichem Kontakt stattfanden, erkannt wird. Ähnlich ist das Vorgehen bei Briefen, die mit der Post geschickt werden, denen in der Regel durch Absender und Handschrift Glauben geschenkt wird.

Bei elektronischer Kommunikation oder Diensten wie Email ist dies meist nicht möglich. Werden keine Schutzmechanismen eingesetzt, ist es auf vielen Rechnern problemlos möglich, eine andere Identität anzunehmen. Bei Mailing-Diensten werden die elektronischen Briefe über verschiedene Vermittlungsstellen *gerouted*. An diesen Stellen können die Daten theoretisch von den Systemadministratoren eingesehen oder sogar manipuliert werden.

Durch Pressemeldungen über Hacker-Einbrüche in die unterschiedlichsten Systeme ist in der Öffentlichkeit zwar ein gesundes Mißtrauen gegenüber den neuen Möglichkeiten gewachsen. Leider führt dieses Mißtrauen jedoch häufig zu einer generellen Ablehnung der vielfältigen Möglichkeiten, welche die moderne Telekommunikation bietet. Gerade im Bankenbereich dauerte es sehr lange, bis man sich entschloß rudimentäre Dienste, wie das Abfragen des Kontostandes oder das Abschicken von Überweisungsaufträgen über das Internet zu ermöglichen[1]. Dies verwundert um so mehr, da Phone-Banking bereits seit längerer Zeit möglich ist und im Kundenkreis eine breite Akzeptanz findet. Dabei werden Geheimwörter übertragen, die gerade im mobilen Telephonbereich mit einfachen Mitteln abgehört werden können.

Es wäre zwar falsch an dieser Stelle zu behaupten, daß es möglich ist, Internetverkehr 100-prozentig zu sichern, da auch bei den modernsten kryptographischen Verfahren noch immer ein Restrisiko besteht. Dieses Restrisiko kann aber durch Einsatz der geeigneten Verfahren beliebig gering gehalten werden. Im folgenden sollen die existierenden Möglichkeiten, sowie deren aktuelle Realisierungen kurz beschrieben werden.

Sicherheitsrisiken und kryptographische Verfahren

Bei der Kommunikation über öffentliche Netze müssen unterschiedliche Bedrohungen differenziert werden, wobei hier in erster Linie die Vorspiegelung einer anderen Identität, der Verlust der Vertraulichkeit und der Verlust der Integrität der Daten berücksichtigt wird.

Bei der Art der Bedrohung muß zusätzlich unterschieden werden, ob der Verlust von Vertraulichkeit oder Integrität durch Verschulden der Benutzer, bösartige Angriffe von Dritte oder durch äußere Einflüsse wie Wasserschaden oder Blitzschlag eintritt. Die im folgenden beschriebenen Verfahren entgegnen den Bedrohungen durch Dritte.

Sämtliche Bedrohungen können nahezu ausgeschlossen werden, kommuniziert man über sichere Kanäle. Dies ist jedoch bei Kommunikation auf öffentlichen Netzen in der Regel nicht der Fall. Mittels kryptographischer Verfahren besteht die Möglichkeit, einen sicheren Kanal auf einem unsicheren zu simulieren. Die Daten werden vor dem Transport auf einem öffentlichen Netz derart behandelt, daß sie nur auf der gewünschten Empfängerseite korrekt empfangen und interpretiert werden können.

Dem *Verlust der Vertraulichkeit* wird begegnet, indem man die Daten vor dem Versenden mit einem Chiffrieralgorithmus verschlüsselt. Dieser Algorithmus erhält als Eingabe die zu sendende Nachricht sowie ein Schlüsselwort. Die Ausgabe ist ein Chiffrat, aus dem die ursprüngliche Nachricht nur bei Kenntnis des korrekten Schlüsselwortes sowie dem zugehörigen Dechiffrieralgorithmus rekonstruiert werden kann. Auf diese Weise wird verhindert, daß eine nicht autorisierte Person, die durch Abhören in Besitz der Nachricht

---

[1] Der aktuelle Stand ist, daß viele Banken WWW-Server unterhalten, über die jedoch nur allgemeine Informationen abrufbar sind. Ein wirkliches Internet-Banking bieten zur Zeit in Deutschland nur sehr wenige Banken an (Stand August 1996).

(in diesem Fall das Chiffrat) kommt, keine Information über den Inhalt der Nachricht erfahren kann. Geht man von der Annahme aus, daß Sender und Empfänger jederzeit in Besitz der Chiffrier- und Dechiffrieralgorithmen sind, reduziert sich das Problem auf den (geheimen) Austausch der Schlüsselwörter.

Um eine Nachricht vor dem *Verlust der Integrität* zu schützen, also ein Ändern der Nachricht durch nicht autorisierte Personen, wird von der Nachricht eine Prüfsumme gebildet und in verschlüsselter Form der Nachricht angehängt. Der Empfänger bildet seinerseits die Prüfsumme der empfangenen Nachricht und vergleicht sie mit der angehängten Prüfsumme des Senders. Auf diese Weise wird zwar nicht das Verändern der Nachricht verhindert, der Empfänger ist aber in der Lage, eine Manipulation der Daten zu erkennen, da eine nicht autorisierte Person keine korrekt verschlüsselte Prüfsumme erstellen kann.

Eine vertrauenswürdige *Authentifikation* erreicht man, indem man vor dem Beginn der eigentlichen Kommunikation dem Empfänger Nachrichten schickt, die unzweifelhaft vom Sender erzeugt worden sind. Als einfachste Form der Authentifikation mag hier das Anmelden an einem Computer stehen. Der Benutzer sendet vor dem eigentlichen Arbeiten seinen Benutzernamen und ein geheimes Paßwort an das System. Das System vergleicht nun in internen Tabellen die Richtigkeit des Paßwortes zu dem angegebenen Benutzernamen und erlaubt bzw. verhindert bei Nichtübereinstimmung den Zugang zum System.

Symmetrische und asymmetrische Chiffrieralgorithmen

Wie bereits oben beschrieben, liegen fast sämtlichen kryptographischen Verfahren Chiffrieralgorithmen zugrunde. Es soll an dieser Stelle genügen, sie in zwei Klassen einzuteilen, die symmetrischen und die asymmetrischen Algorithmen.

Bei symmetrischen Algorithmen benutzen Sender und Empfänger den gleichen Schlüssel. Betrachtet man den Chiffrieralgorithmus als mathematische Funktion *f()* und den Dechiffrieralgorithmus als inverse Funktion $f^{1}()$, sei weiterhin *mess* die Nachricht, *chi* das Chiffrat und *key* das Schlüsselwort, so gilt:

$$chi = f(mess,key) \text{ und } mess = f^{1}(chi,key)$$

oder:

$$mess = f^{1}(f(mess,key), key)$$

Der wohl bekannteste und zur Zeit meist verbreitetste Vertreter dieser Klasse ist der *DES-Algorithmus*.

Bei asymmetrischen Algorithmen wird, im Unterschied zu symmetrischen Algorithmen, zum Chiffrieren und Dechiffrieren ein Schlüsselpaar benutzt. Beim Einsatz eines solchen Verfahrens besitzt jeder Teilnehmer ein solches Schlüsselpaar, wobei der eine Schlüssel nur dem Teilnehmer selbst bekannt ist und der andere öffentlich verteilt wird. Unter den gleichen Bedingungen wie oben mit dem Zusatz, daß $key_{private}$ der geheime und key_{public} der öffentliche Schlüssel ist, gilt für asymmetrische Algorithmen:

$$mess = f_{asym}^{-1}(f_{asym}(mess, key_{public}), key_{private})$$

und

$$mess = f_{asym}^{-1}(f_{asym}(mess, key_{private}), key_{public})$$

Diese Verhaltensweise wird in der Realität derart genutzt, daß man beim Wunsch der Vertraulichkeit die Nachricht mit dem öffentlichen Schlüssel des Kommunikationspartners verschlüsselt. Nun ist gewährleistet, daß nur die gewünschte Person in der Lage ist, die Nachricht zu dechiffrieren.

Des weiteren besteht bei asymmetrischen Verfahren die Möglichkeit, die Daten mit dem eigenen geheimen Schlüssel zu verschlüsseln. Die Daten können zwar von jedem entschlüsselt werden, der in Besitz des dazugehörigen öffentlichen Schlüssels ist; jeder Empfänger der Nachricht kann aber nun sicher sein, daß die Nachricht von der korrekten Person gesendet wurde.

Auf diese Weise lassen sich Protokolle für die Authentifikation sowie für den verbindlichen Nachrichtenaustausch (Digitale Signatur) realisieren. Der bekannteste Vertreter dieser Klasse ist der *RSA-Algorithmus*.

Sicherheit ist möglich

Mit den oben beschrieben Verfahren läßt sich auf dem Internet und anderen öffentlichen Netzen nahezu jede beliebige Stufe der Sicherheit erreichen. Dennoch wird diese Problematik oft völlig ignoriert und Daten unverschlüsselt übertragen. Häufig liegt der Grund darin, daß der Anwendungsprogrammierer oder Benutzer den zusätzlichen Aufwand scheut. Zum anderen nutzen viele Unternehmen nicht die Vorteile der Telekommunikation, da sie die Sicherheitsrisiken der ungeschützten Übertragung kennen und ein Bekanntwerden von innerbetrieblichen Geheimnissen wie geheime Produktdaten oder Vertragsabschlüsse befürchten.

Werden kommerzielle Dienstleistungen über öffentliche Netze angeboten, besteht die Gefahr, daß finanzielles Entgelt auf Grund einer nicht korrekt durchgeführten Authentifikation nicht eingefordert werden kann.

Für das Fehlen einer breiten Nutzung und Akzeptanz auf öffentlichen Netzen sind in erster Linie zwei Gründe zu nennen. Obwohl die Verfahren für einen sicheren und verbindlichen Datenaustausch existieren, fehlt bis heute eine rechtliche Absicherung der Teilnehmer. Es ist heute sicherlich einfacher eine handschriftliche Signatur zu fälschen, als in den Besitz eines privaten RSA-Schlüssels zu gelangen. Eine Digitale Signatur ist damit kaum zu fälschen, dennoch hätte sie vor Gericht keine Gültigkeit. Weiterhin ist es in manchen europäischen Ländern aus Angst vor kaum überwachbaren kriminellen Aktivitäten den Privatpersonen verboten, verschlüsselt zu kommunizieren. Ein entsprechendes Gesetz über die Verbindlichkeit von Digitalen Signaturen und den Einsatz von kryptographischen Verfahren ist in Deutschland in Arbeit und steht zur Zeit kurz vor seiner Verabschiedung.

Ein weiteres Problem ist die Tatsache, daß viele Anwendungen für öffentliche Netze wie WWW-Browser, Email Systeme oder Video-Conferencing Tools bereits Sicherheitsfunktionalitäten beinhalten, jedoch von amerikanischen Firmen vertrieben oder direkt aus den Vereinigten Staaten importiert werden. Kryptographische Software unterliegt in den Vereinigten Staaten Exportrestriktionen, die fast schon an Hysterie grenzen. Bei manchen Systemen fehlen die Sicherheitsmechanismen völlig, bei anderen sind sie in der sogenannten Exportversion lieferbar. Diese Exportversionen bestehen aus schwächeren Algorithmen oder Algorithmen mit kürzeren Schlüsselwortlängen, die selbst die geringsten Sicherheitsanforderungen kaum abdecken können.

Mit integrierten Lösungen tritt zusätzlich das Problem auf, daß eine kombinierte Nutzung unterschiedlicher Dienste dem Benutzer eventuell zumutet, sich für jeden Dienst unterschiedliche Schlüssel merken zu müssen.

Sicherheit in COBRA-3

Für das COBRA-3 Projekt wurde den Anwendern eine einfache Schnittstelle zur Verfügung gestellt, die es ohne Expertenwissen ermöglicht, modernste Verfahren der Kryptographie zu nutzen.

Es wurde weiterhin darauf geachtet, daß es in COBRA nur eine Lösung für die unterschiedlichen Anforderungen gibt. Da es sich bei COBRA um ein sehr heterogenes Erprobungsfeld handelt, ist hier in erster Linie eine cross-plattform Funktionalität zwischen den eingesetzten Rechnersystemen zu nennen. Eine große Herausforderung stellt auch das Zusammenspiel der Dienstleistungen mit dem, als Schnittstelle zum Anwender genutzten, WWW-Browser dar. Integrierte Lösungen der WWW-Browser konnten aus Homogenitätsgründen nicht genutzt werden.

Um in COBRA-3 umfangreiche Sicherheitsdienste anbieten zu können, wurden die Implementierungen eng an der GSS-Schnittstelle orientiert (Generic Security Service). Diese Realisierung bietet Verfahren für eine vertrauenswürdige Authentifikation sowie vertrauliche und verbindliche Kommunikation. Die Problematik des geheimen Schlüsselaustausches wurde mit einem *public/private-key* System gelöst. Die kryptographischen Basisroutinen wurden von der SecuDE-Plattform übernommen. Eine Sicherheitsplattform, die von der Gesellschaft für Mathematik und Datenverarbeitung (GMD) in Darmstadt entwickelt wurde. Die GSS-Schnittstelle läßt sich auf einfachste Weise in bestehende Anwendungen integrieren. Vor dem Senden der Daten wird die Nachricht an die entsprechenden GSS-Funktionen übergeben. Die Anwendung erhält einen sogenannten Token zurück, der zum Empfänger gesendet wird. Auf Empfängerseite werden die eingegangenen Token an GSS übergeben. Die aufzurufenden Funktionen erkennt die Anwendung an der Art des Token. Als Rückgabe erhält die Anwendung die gesendete Nachricht. Auf diese Weise erreicht man, daß die Sicherheitsfunktionalitäten völlig unabhängig von der eingesetzten Transportschicht bleiben.

Die Arbeitsweise der GSS-Schnittstelle soll im folgenden kurz erläutert werden.

Die Zertifizierung

Da es in einem wachsenden Benutzerkreis kaum möglich ist, daß alle Teilnehmer ständig sämtliche öffentliche Schlüssel aller potentiellen Kommunikationspartner kennen, werden die öffentlichen Schlüssel erst bei Beginn der Kommunikation ausgetauscht. Um sicher zu gehen, daß es sich dabei um einen korrekten Schlüssel handelt, werden alle Schlüsselpaare nach ihrer Erzeugung von einer vertrauenswürdigen Instanz zertifiziert. Ein Zertifikat ist als ein Dokument zu verstehen, das den Namen des Schlüsselinhabers, die Gültigkeitsdauer des Zertifikats und den öffentlichen Schlüssel des Teilnehmers enthält. Jeder Nutzer speichert in einem speziellen Verzeichnis, der sogenannten persönlichen Sicherheitsumgebung, seinen geheimen Schlüssel, sein Zertifikat und den öffentlichen Schlüssel der Zertifizierungsinstanz. Mit diesem Schlüssel ist er nun in der Lage, die Zertifikate aller zukünftigen Kommunikationspartner zu verifizieren.

Die Authentifikation

Die Authentifikation der GSS-Schnittstelle beinhaltet drei Schritte. Zunächst schickt der initiierende Teilnehmer sein Zertifikat zu dem Kommunikationspartner. Dieser verifiziert das Zertifikat mit dem öffentlichen Schlüssel der Zertifizierungsinstanz und erzeugt bei einem gültigen Zertifikat einen Schlüssel für einen symmetrischen Chiffrieralgorithmus, den *Session-Key*. Er sendet anschließend sein Zertifikat sowie den mit dem öffentlichen Schlüssel des initiierenden Teilnehmers verschlüsselten Session-Key zurück. Der initiierende Teilnehmer verifiziert nun seinerseits das Zertifikat und entschlüsselt den Session-Key. Das eigentliche Protokoll enthält noch weitere Daten, auf deren Beschreibung an dieser Stelle jedoch verzichtet wird. Auf diese Weise wird eine Authentifikation durchgeführt, bei der beide Seiten verläßliche Informationen über die Identität des Kommunikationspartners erhalten. Des weiteren wurde ein Schlüssel ausgetauscht, der zu keiner Zeit im Klartext über das Netz verschickt wird.

Der Nachrichtenaustausch

Wurde die Authentifikation durchgeführt, befinden sich beide Partner in Besitz des gleichen Session-Keys. Es besteht nun die Möglichkeit, mit diesem Schlüssel vertraulich oder mit den zuvor ausgetauschten öffentlichen Schlüsseln verbindlich zu kommunizieren. GSS ist in der Lage, gleichzeitig zu mehreren Kommunikationspartnern eine Verbindung aufzubauen. Durch den Namen des Kommunikationspartners greift GSS automatisch auf den korrekten Schlüssel zu.

Gebührenstellung

Werden gebührenpflichtige Dienste in Anspruch genommen, kann GSS dazu benutzt werden, Rechnungsdaten verbindlich zu übertragen. Zum einen ist es möglich, über eine vertrauenswürdige Authentifikation den Kunden für die ihm zugedachten Dienstleistungen zu autorisieren. Müssen Preise für die

Dienstleistungen ausgehandelt werden, können diese von Kunden und Anbieter digital unterschrieben auf einem Server, zwecks späterer Überprüfung, abgelegt werden. Die Bestätigung für den Erhalt einer Dienstleistung kann als verbindliche Nachricht für spätere Rechnungsstellung gespeichert werden.

Sicherheit für die Vermittlungszentrale

Im CAD und Visualisierungsbereich sind häufig sehr rechenintensive Prozesse durchzuführen. Dies geschieht meist auf sehr teuren Computersystemen, deren Anschaffung sich in der Regel nur für große Unternehmen lohnt. Kleine und mittlere Unternehmen sind nun in der Lage Rechenleistung auf diesen Rechnern über eine Vermittlungszentrale zu mieten. Da die Daten auf der externen Maschine gespeichert werden, ist es notwendig, den Zugriff auf diese Rechner zu kontrollieren. Zu diesem Zweck nutzt die Vermittlungszentrale die Authentifikation der GSS-Schnittstelle. Ist die Authentifikation durchgeführt, läßt der externe Rechner nur Zugriffe auf die Daten der autorisierten Person zu. Auf diese Weise wird zum einen eine Zugangskontrolle des Benutzers durchgeführt, so daß nur Kunden, die auch wirklich die Rechnerleistung gemietet haben, diesen Dienst in Anspruch nehmen können. Zum anderen kann so verhindert werden, daß Unternehmen Einsicht in Produktdaten von konkurrierenden Unternehmen erhalten.

Sicherheit im World Wide Web

Es ist abzusehen, daß zukünftige Telekommunikationsanwendungen das World Wide Web als Kommunikationsschnittstelle nutzen werden. Aus diesem Grund ist eine Absicherung des HTT-Protokolls unerläßlich. Bereits existierende Lösungen sind wie oben beschrieben zu unsicher oder in ihren Funktionalitäten nicht ausreichend. Da weder der WWW-Server noch ein WWW-Client modifiziert werden sollen, müssen die Sicherheitsfunktionalitäten in externe Module verlagert werden. Auf Serverseite besteht die Möglichkeit externe Programme über sogenannte CGI-Scripte aufzurufen. In den Browsern können externe Programme als *Helper-Applications* aufgerufen werden. Da sich in dieser Art die Übertragung von geschützten Formularen vom Browser zum Server nicht realisieren läßt, werden die Sicherheitsfunktionalitäten auf Clientseite von einem Proxy durchgeführt.

Ein Proxy dient in der Regel dazu, häufig referenzierte HTML-Seiten zu speichern und so die Zugriffszeiten zu verkürzen. Im COBRA-3 Projekt wird ein Proxy so modifiziert, daß er in der Lage ist, bei gewünschter Vertraulichkeit, die entsprechenden GSS-Funktionen aufzurufen. Auf Serverseite werden die verschlüsselten Anfragen an CGI-Scripte geleitet, die wiederum einen Security-Prozeß kontaktieren, der die Daten entschlüsselt. Die CGI-Scripte selbst können diese Aufgabe nicht erfüllen, da es sich dabei um flüchtige Prozesse handelt, welche die für GSS notwendigen Daten nicht zwischenspeichern können. In ähnlicher Weise können auch HTML-Seiten vertraulich übertragen und Zugriffe auf geschützte WWW-Server geregelt werden.

Neue Entwicklungen im Security-Bereich

Eine neue Entwicklung im Bereich der Sicherheitsplattformen ist das PLASMA-Projekt. Es wird vom Fraunhofer-Institut für Graphische Datenverarbeitung, IGD im Auftrag der DeTeBerkom GmbH, einem Tochterunternehmen der Deutsche Telekom AG, durchgeführt. Die PLASMA-Plattform bietet neben der Möglichkeit unterschiedliche Medien mit unterschiedlichen Sicherheitsverfahren zu bearbeiten, dem Benutzer an, selbständig Sicherheitspolitiken zu konfigurieren. Dies versetzt den Benutzer oder den Diensteanbieter in die Lage, den Einsatz von Sicherheitsdiensten selbst zu bestimmen. Beispielsweise kann angegeben werden, daß Textdaten immer vertraulich und verbindlich, Bilddaten jedoch nur vertraulich übertragen werden. Des weiteren kann bestimmt werden, daß für Text der RSA-Algorithmus benutzt wird, für Bilddaten jedoch der schnellere DES-Algorithmus.

Bei der Authentifikation werden diese Politiken der Kommunikationspartner abgeglichen. Die PLASMA-Plattform versucht nun, eine Konfiguration der Sicherheitsdienste zu finden, die beiden Politiken gerecht wird. Da diese Plattform dem Benutzer flexiblere Möglichkeiten bietet, soll sie, sobald sie verfügbar ist, die GSS-Schnittstelle ablösen.

Hinweise zur Präsentation auf der beiliegenden CD-ROM

Um die oben beschriebenen Verfahren zu verdeutlichen, sind verschiedene Schritte einer abgesicherten Kommunikation auf der beiliegenden CD als anschauliche Demonstration enthalten. Es werden die notwendigen Schritte zur Zertifizierung der Schlüssel und der Authentifikation an Hand eines Beispieles gezeigt. Es sind außerdem zusätzliche Informationen über den Ablauf einer Kommunikation mit der GSS-Schnittstelle enthalten.

Kontaktadresse

Fraunhofer-Institut für Graphische Datenverarbeitung, IGD
Wilhelminenstraße 7
64283 Darmstadt
Dr. rer. nat. Eckhard Koch
Tel.: 06151/155-147
Fax: 06151/155-444
Email: ekoch@igd.fhg.de
Dipl.-Inform. Dietmar Storck
Tel.: 06151/155-418
Fax: 06151/155-444
Email: schoko@igd.fhg.de

3 Telekommunikation und Telekooperation in der Praxis

In diesem Kapitel berichten Vertreter der an COBRA-3 beteiligten Fraunhofer-Institute über die Realisierung und Praxiserprobung von Telekommunikationsanwendungen aus den folgenden Themenbereichen:

- Home Support
- Medizintechnik
- Tele-ASIC
- CAD-Maschinenbau
- Logistik
- Schulung, Training, Information

Home Support

Der Bereich Home-Support umfaßt multimediale Dienstleistungen für den privaten Raum. Beispiele hierfür sind verschiedene Arten des Teleshopping und der Einsatz von Informationstechnik für Kultur- und Unterhaltungsangebote. Einen weiteren Schwerpunkt bilden Anwendungen zur Unterstützung von Pflege und Rehabilitation für ältere und behinderte Nutzer. Insgesamt soll auf breitester Front gerade technik-fremden Nutzern als Neukunden der Zugang zu nützlichen und innovativen Angeboten ermöglicht werden

Medizintechnik

In der Praxis niedergelassener Ärzte besteht ein hoher Bedarf, Informationen weiterzuleiten. Elektronisch vorliegende Informationen werden dazu aus der Praxissoftware exportiert, transportabel gemacht (Ausdruck, Diskette, File für elektronischen Versand), verschickt und auf Empfängerseite wieder in das dortige System importiert. Der Bereich Medizintechnik verfolgt das Ziel, diesen täglichen Informationsaustausch durch weitgehend automatisierte elektronische Datenübertragung per Telekommunikation zu vereinfachen.

Tele-ASIC

Tele-ASIC zielt auf die Steigerung der Produktivität von kleinen und mittleren Unternehmen der Elektrotechnikbranche sowie einer verbesserten Ankopplung dieser Unternehmen an die Halbleiterhersteller beim Entwurf mikroelektronischer Schaltungen. Hierzu wird der gesamte Designprozeß mit den Mitteln Telekommunikation und Datenübertragung durch die Bereitstellung von Rechnerressourcen und Designsoftware über Netz sowie der Beratung bei Designproblemen durch kooperativen ASIC-Entwurf integriert.

CAD-Maschinenbau

Die Anwendungen des Bereichs CAD-Maschinenbau wendet sich an Unternehmen, die in der Produktentwicklung für den Maschinenbau, Fahrzeugbau, Apparatebau, Anlagentechnik oder Medizintechnik tätig sind. Durch eine konsequente Anwendung moderner Telekommunikationsdienste (u.a. ISDN, T-Online, Telekonferenz, verteiltes Arbeiten) soll eine Verbesserung und Beschleunigung der Kommunikation zwischen verteilten Entwicklungspartnern für die Schwerpunkte Rapid Prototyping, Strukturberechnung und betriebsfeste Bemessung sowie Produktentwicklungs-Basisdienste erzielt werden.

Logistik

Eine praxisnahe Lösung zur kooperativen Logistik stellt die Logistik-Support-Börse dar, mit deren Hilfe die Bündelung und Koordination unternehmensübergreifender Logistikaufgaben sowie die Bereitstellung flächendeckender Dienstleistungs- und Produktangebote möglich wird. Die Anwendungsdienste reichen von Anbieter- und Produktkatalogen über Vermittlungsdienste zur Unterstützung bei der Produktauswahl, bei der Angebotseinholung, bei der Bestellung sowie bei Vertragsverhandlungen bis hin zur Nutzung von Software-Werkzeugen der Logistikplanung und zur Unterstützung einer interaktiven Beratung (Tele-Consulting).

Schulung, Training, Information

Die verteilten Lernanwendungen von "Schulung, Training, Information" erlauben es Unternehmen, die Weiterbildung ihrer Mitarbeiter effizienter zu gestalten. Gleichzeitig eröffnet sich für Schulungsanbieter ein neuer Marktzugang. Dabei werden durch die Kombination einer benutzeradaptiven multimedialen Wissensvermittlung mit Werkzeugen zur netzwerkweiten Online-Kommunikation und -Kooperation die Nachbildung traditioneller Einzel- und Gruppenlernsituationen ermöglicht.

Aufbauend auf einer allgemeinen Darstellung des Themengebietes sowie der technischen Anforderungen und Randbedingungen der jeweiligen Anwendungen werden die Funktionalität und die Realisierung der Anwendungen beschrieben. Die Ergebnisse der ersten Praxiserprobung und die Multimedia-Präsentationen auf der diesem Buch beigefügten CD-ROM geben einen Überblick über die Einsatzmöglichkeiten der Anwendungen.

3.1 Home-Support

Dipl.-Ing. Rainer Malkewitz
Fraunhofer-Institut für Graphische Datenverarbeitung, IGD

Anwendungen für Private Nutzer

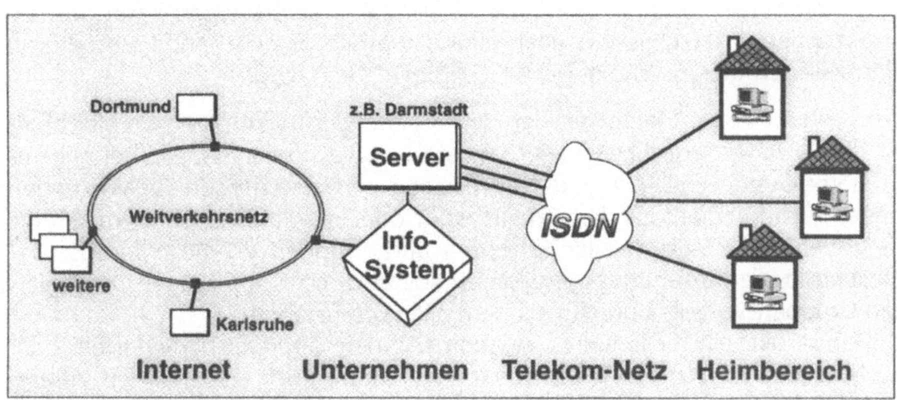

Abb. 3.1.1 Beispielarchitektur für einen Online-Dienst mit regionaler ISDN-Anbindung der Privathaushalte

Die Ausgangslage für Home-Support

Im Bereich Home-Support sind im Rahmen des COBRA-3 Projektes teilweise sehr unterschiedliche Anwendungen bezüglich ihrer technischen Möglichkeit und ihrer Akzeptanz bei potentiellen Kunden untersucht worden. Das gemeinsame Merkmal aller Home-Support Anwendungen ist die Zielgruppe, oder ökonomisch gedacht, die zukünftigen Kunden, die multimediale Telekommunikationsanwendungen zur Verbesserung ihres Lebensstandards einsetzen möchten. Beispiele hierfür sind die Verwendung der Informationstechnik für Teleshopping, Kultur- und Unterhaltungsangebote sowie für die Unterstützung von Pflege und Rehabilitation.

Was kennzeichnet aber eine beliebige Privatperson im Hinblick auf Informations- und Computertechnik? Drei Aspekte scheinen hier wichtig:

- *Wirtschaftlichkeit:* Der Nutzen einer Anwendung bzw. eines Dienstes muß dessen Kosten übersteigen. Dieser Aspekt ist natürlich nicht auf die monetäre Sicht beschränkt, auch Einarbeitungsaufwand oder Bequemlichkeitsgewinn schlagen hier zu Buche.[1]

- *Verfügbarkeit:* Der angebotene Dienst muß für den einzelnen tatsächlich verfügbar sein. Das betrifft Endgeräte, Übertragungsbandbreiten, Abrechnungsmodi und technische Systemstabilität, aber nicht zuletzt auch das Angebot selbst[2]; diese Dinge müssen alle „zusammenpassen".
- *Benutzbarkeit:* Die Oberfläche und die Funktionen der Systeme müssen so gestaltet sein, daß der Benutzer sie versteht, sie bedienen kann und sie akzeptiert. Hierzu gehört auch eine ästhetisch ansprechende Gestaltung, sozusagen die „psychologische Ergonomie" des Designs.

Ein weiterer Aspekt, aber mit den vorhergehenden nicht direkt vergleichbar, ist die Sozialverträglichkeit neuer Dienste und Technologien. Hierbei geht es in Home-Support nicht um die Vorhersage von zukünftigen Auswirkungen neuer Technologien auf den Arbeitsmarkt oder dergleichen, sondern um die Einbeziehung möglichst aller Schichten und Gruppen der Bevölkerung. Der Einstieg in die Informationsgesellschaft soll also nicht nur einigen privilegierten Gruppen Vorteile bringen, sondern allen offenstehen.

Daher gilt ein besonderer Augenmerk den älteren, behinderten oder schlicht technik-fremden Nutzern, die auch heute noch die Mehrheit unserer Bevölkerung stellen. Es ist der Grundgedanke von Home-Support, gerade diesen „Neukunden" den Zugang zu nützlichen und innovativen Angeboten zu ermöglichen.

Die Anwendungen im Bereich Home-Support

Um die Möglichkeiten neuartiger Dienste zu erproben und zu demonstrieren, wurden vier Anwendungsfelder ausgesucht. Diese Auswahl ist natürlich nicht vollständig, ist aber gleichwohl als repräsentative Auswahl gedacht:

- *Teleshopping:* Das Einkaufen mit Hilfe von multimedialen, elektronischen Medien.
- *Kultur und Unterhaltung:* Der interaktive Zugriff auf kulturelle oder unterhaltende Programme und Informationen. Der Kunde bestimmt, was er sieht und hört.
- *Info-Börsen:* Informationssysteme für bestimmte Nutzergruppen oder bestimmte Themen erleichtern die Kommunikation zwischen den Beteiligten.

---

[1] Als klassisches Beispiel sei hier auf die Fernsehecke in der Wohnung verwiesen: Die Fernbedienung ist heute ein selbstverständliches Zubehör und jeder benutzt sie; der Nutzen überwiegt also klar die Kosten. Anders beim Videorecorder: Ein Großteil der Benutzer schien nicht willens oder in der Lage, die Zeiten für das automatische Aufnehmen selbst zu „programmieren". Zusatzsysteme (wie z.B. ShowView) sollen hier Abhilfe schaffen.

[2] Es macht zum Beispiel überhaupt keinen Sinn, von Deutschland aus einen Pizza-Bringdienst in New York zu beauftragen.

- *Telemonitoring:* Die Betreuung, Beaufsichtigung und Pflege von hilfsbedürftigen Personen wird durch (teilweise automatische) Warn-, Alarm- und Informationssysteme verbessert.

In allen Anwendungsfeldern waren Firmen und Institutionen aus dem entsprechenden „Markt" beteiligt. Dies war eine wichtige Voraussetzung, um Einblicke in die sehr unterschiedlichen Erfordernisse einzelner Märkte zu gewinnen und falsche Anfangsannahmen frühzeitig zu korrigieren.

Allgemein hat sich gezeigt, daß das Interesse an neuen Medien auch bei kleinen und mittleren Unternehmen durchaus vorhanden ist, allerdings große Unsicherheiten bestehen, welche Umsetzungsvarianten vom Aufwands- und Kostenaspekt her zur jeweiligen Firmen- und Kundenstruktur passen.

Kunden mit speziellen Bedürfnissen, wie z.B. Behinderte, denen moderne Informations- und Kommunikationstechnologien ermöglichen Barrieren abzubauen, reagierten aufgeschlossen.

Ergebnisse und aktuelle Trends im Überblick

Teleshopping

Elektronisches Einkaufen hat bis heute zwei technische Hauptvarianten hervorgebracht: Reine Online-Systeme und datenträgerbasierte Lösungen.

- Für die ersteren ist kennzeichnend, daß sie ein aktuelles Angebot auf einem Server bereithalten, auf den mit Hilfe eines Datentransport-Dienstes zugegriffen werden kann. Die größte Bedeutung hat derzeit der Internet-Dienst WWW (World Wide Web), auf den auch über den Telekom-Dienst T-Online (ehem. Datex-J, BTX) zugegriffen werden kann. Wichtigster Nachteil dieser Angebote ist die geringe Bandbreite der Endkundenanbindung, was häufig zu inakzeptabel langen Wartezeiten führt.
- Bei den Systemen mit Datenträger dominiert die CD-ROM derzeit den Markt. Mit ihrer beachtlichen Kapazität von über 600 MByte (das entspricht immerhin rund 200.000 Seiten Schreibmaschine) und schnellen Zugriffszeiten eignet sie sich auch für anspruchsvollere Multimedia-Anwendungen. Der Hauptnachteil hier: Mangelnde Aktualität und beschränkte Verzweigungsmöglichkeiten zu anderen Informationsquellen.

Kultur und Unterhaltung

Sehr gut angenommen wurden bisher die Möglichkeiten moderner Online-Dienste besonders von den Städten und ihren untergeordneten Institutionen. Museen, Hotels, Verkehrsbetriebe und Ämter nutzen die Möglichkeit, sich über das Internet und die damit verbundenen Dienste darzustellen. Häufig geschieht das sogar koordiniert in sogenannten Stadt-Informationssystemen, die für Einwohner und Besucher gleichermaßen nützliche Informationen bereithalten.

Info-Börsen
Noch wenig verbreitet sind Informationssysteme für bestimmte Nutzergruppen. Diese enthalten eine Datenbankfunktionalität und ordnen die Nutzer bestimmten Rollen zu (z.B. „anonymer Besucher", „Autor" etc.), die bestimmte Rechte im Umgang mit Inhalten des Systems haben. Solche Systeme eignen sich besonders gut für die gemeinsame Nutzung und Pflege von Daten über die Grenzen von einzelnen Institutionen hinweg und unterstützen somit ganze „Vorgangsketten", wie sie zum Beispiel im Sozialbereich häufig auftreten.

Telemonitoring
Automatische Systeme mit integrierten Notruf- und Überwachungsfunktionen bilden im Vergleich zu herkömmlichen Hausnotrufsystemen eine multimediale Erweiterung. Durch eine modulare Systemarchitektur bieten sie Perspektiven zur Integration weiterer Komponenten, etwa der Kontrolle und Abrechnung von Pflegedienstleistungen oder Unterhaltungs- und Therapieangebote.

Insgesamt können behinderte Nutzer auf vielfältige Weise von neuen, multimedialen Angeboten und Diensten profitieren. Die Angebote selbst können z.B. bei Mobilitäts-Einschränkungen Hilfen zur selbständigen Lebensführung geben, wie zum Beispiel der Supermarkt auf CD-ROM oder der Tele-Arbeitsplatz. Andererseits eröffnet die Multimedia-Technologie neue Wege zu Informationen, wie im Falle von sprachgesteuerten Anwendungen, aber auch zu anderen Menschen, wie das Beispiel Video-Konferenz-Systeme zeigt.

Kontaktadresse

Fraunhofer-Institut für Graphische Datenverarbeitung, IGD
Wilhelminenstraße 7
64283 Darmstadt
Dipl.-Ing. Rainer Malkewitz
Tel.: 06151 / 155-427
Fax: 06151 / 155-199
Email: malkewit@igd.fhg.de
Internet: http://www.igd.fhg.de/

3.1.1 Einkaufen über CD-ROM: Teleshopping mit dem PC

Dipl.-Ing. Rainer Malkewitz
Fraunhofer-Institut für Graphische Datenverarbeitung, IGD

Ein Anbieter von Waren oder Dienstleistungen, der neue Medien zur Vermarktung seines Angebotes einsetzen will, hat heute die Möglichkeit, sich zwischen mehreren Alternativen zu entscheiden.

Er kann sein Angebot auf einen elektronischen Datenträger bringen und diesen unter seinen potentiellen Kunden verteilen oder er kann sein Angebot auf einem Server installieren, damit es über Datennetze zugänglich wird. Natürlich schließen sich diese Möglichkeiten dabei nicht aus und bereits heute präsentieren sich manche Anbieter auf beiderlei Weise ihren Kunden.

Um das unterschiedliche Potential der beiden Alternativen zu beleuchten, wird in diesem Abschnitt zunächst auf Aspekte der Datenträger eingegangen und im anschließenden Unterkapitel auf die Online-Alternative.

Möglichkeiten und Grenzen von Datenträgern als Medium

Jedes Medium ist als „Informationsvermittler" durch seine ganz speziellen Eigenschaften gekennzeichnet und befindet sich dadurch auch im Wettbewerb mit anderen Medien, die ähnliche Inhalte vermitteln können. Radio und Fernsehen sind hierfür ein bekanntes Beispiel: Fernsehen ist nicht pauschal besser oder schlechter als Radio, sondern vor allem „anders". Die Werbebranche reagiert darauf zum einen, indem sie bestimmte Inhalte nur in einem der beiden Medien darstellt, also eine Auswahl des Mediums trifft, zum anderen die Inhalte „mediengerecht" aufbereitet.

In einer ganz ähnlichen Situation befinden sich Datenträger, zur Zeit also CD-ROMs, als Medium für Teledienste. Sie stehen in einer doppelten Konkurrenz. Sie müssen sie sich gegen die althergebrachten Print-Produkte ebenso behaupten wie gegen die reinen Online-Dienste, die zur Zeit einen regelrechten Boom erfahren.

Was macht für Anbieter dennoch Datenträger als Medium so interessant? Was sind die Vorteile gegenüber anderen Medien? Hier eine kleine Zusammenstellung:

- Datenträger sind derzeit die kostengünstigste Methode der Vermittlung interaktiver Information. Die Herstellungskosten einer CD-ROM liegen unter denen eines vergleichbaren Druckwerks und weit unter den Übertragungskosten auf Telekommunikationsnetzen.
- Datenträger sind durch ihren vergleichsweise hohen Datendurchsatz bei der Wiedergabe tatsächlich multimediafähig, was weder Print- noch Onlinemedien für sich in Anspruch nehmen können.
- Gegenüber Online-Servern haben Datenträger den Vorteil hoher Verbindlichkeit. Durch die Nur-Lese-Eigenschaft schreiben CD-ROMs ein Angebot fest, der Kunde kann sich darauf berufen, und dieses im Streitfalle auch belegen.

- Gegenüber den Print-Produkten haben Datenträger Vorteile durch ihre multimedialen Eigenschaften. Diese reichen von der Untermalung mit funktionaler Musik über gesprochene Zusatzinformationen bis zu den Möglichkeiten dreidimensionaler Darstellungen und dem Einbinden von Videoclips. Bei Online-Services ist dies alles theoretisch zwar auch möglich, scheitert aber in der Praxis an den zu geringen Bandbreiten oder der bisher zu komplizierten Technik (Interaktives Fernsehen).

Zu einer Aufzählung der Vorteile gehört natürlich als Gegenpart auch eine Zusammenstellung der Nachteile bzw. der ungelösten Teilaspekte:

- Informationen auf Datenträgern sind nicht ständig aktuell. In einer Zeit, in der in manchen Branchen aus Wettbewerbsgründen sehr schnell und flexibel reagiert werden muß, veralten Angebot und Preise schneller, als neue Datenträger in Umlauf gebracht werden (können).
- Datenträger sind, wie der Name schon sagt, an ein physikalisches Medium gebunden und daher nicht überall und jederzeit verfügbar.
- Der Aufwand zur Erstellung einer attraktiven CD-ROM ist derzeit oft bedeutend höher als bei der Erstellung von Materialien für einen Online-Server. Das liegt daran, das bei Online-Angeboten eine durch technische Randbedingungen notwendige geringere Qualität der Darstellungen, des Layouts und der Funktionalität akzeptiert wird.
- Datenträger, die in der Regel von einzelnen Anbietern herausgegeben werden, erlauben kein schnelles Vergleichen von Angeboten, das kann natürlich aus Sicht des Anbieters auch ein Vorteil sein.

Zusammenfassend ist folgendes festzuhalten:

- Shopping-Systeme auf der Basis von Datenträgern haben grundlegende Vorteile (multimediafähig, preisgünstig, verbindlich), die zum Teil nicht von Online-Lösungen erbracht werden können, zumindest nicht in absehbarer Zeit.
- Datenträger haben einige Nachteile (mangelnde Aktualität, Autorenaufwand etc.), von denen manche durch technische Modifikationen überwindbar erscheinen.

Entwicklungs- und Verbesserungschancen

Erhöhung der Aktualität von Angeboten

Heutige Katalogangebote auf CD-ROM werden je nach Branche ein- bis zweimal im Jahr aufgelegt. In diesen Zeitintervallen kann also das gesamte Angebot umgruppiert, neu ausgepreist oder geändert werden. Da diese Intervalle dem hergebrachten Usus der jeweiligen Branche entsprechen, reicht für den Regelfall diese Aktualität aus.

Es gibt jedoch auch Ausnahmen, die manchmal nur einzelne Artikelgruppen betreffen, manchmal aber auch ganze Branchen. Man denke nur an den Bereich Lebensmitteleinzelhandel, wo wöchentliche Sonderangebots-Broschüren üblich sind.

Betrachtet man das Problem der Aktualität daher etwas eingehender, fällt zweierlei auf:

- Es sind nicht alle Angebote einem schnellen Wechsel unterzogen.
- Meistens ändern sich nur einzelne Informationen (z.B. Preise) zu einem existierenden Angebot.

Diese Voraussetzungen legen eine technische Lösung nahe, die darauf basiert, nur bestimmte Teile eines Shopping-Angebotes über eine Netzverbindung von einem dafür vorgesehenen Server zu laden und diese mit den (statischen) Produktinformationen vom Datenträger gemeinsam darzustellen.

Von dieser Möglichkeit wird inzwischen beim Katalogsystem des OTTO Versandhauses Gebrauch gemacht. Da diese Neuerung erst zur Herbst/Winter Ausgabe 96/97 in den Katalog Eingang fand, liegen derzeit noch keine Erfahrungen mit Endbenutzern vor.

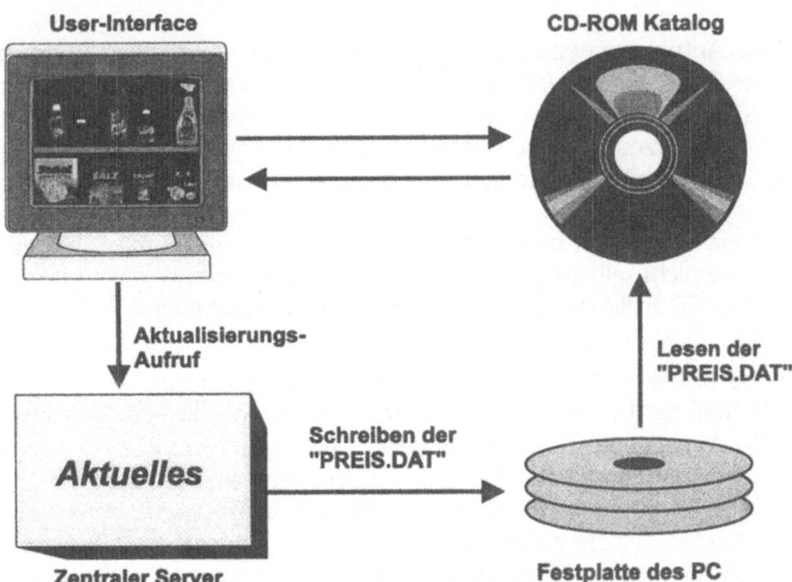

Abb. 3.1.2 CD-Katalog mit Aktualisierungs-Server (beim OTTO-Versand seit Herbst/Winter 96/97 Stand der Technik): „Die netzwerkfähige CD“

Reduktion des Autorenaufwandes

Um den Autorenaufwand für ein multimediales Informationssystem einzuschätzen, muß man zwischen verschiedenen Aufgaben unterscheiden:

- Erstellung von Material, also Fotos, Videos, Texten und Tonaufnahmen.
- Bearbeiten von Material, also Scannen, Konvertieren, Nachbearbeiten.
- Erstellung eines gestalterischen Gesamtkonzeptes, dem sich alle anderen Schritte unterordnen.

- Programmieren eines lauffähigen Katalog-Gerüstes mit Userinterface.
- Einfügen der Materialien in dieses technische Gerüst.
- Herstellung der Datenträger.

Es ist klar, daß je nach dem Vorhandensein oder Fehlen bestimmter Komponenten der konkrete Aufwand stark variiert. Insbesondere das Erzeugen von Ausgangsmaterial in hoher Qualität kann hier einen sehr großen Aufwand bedeuten.

Für die Erstellung des Kataloges selbst gibt es inzwischen eine Reihe von Multimedia-Autorensystemen, die alle auch kostenlose Runtime-Lizenzen enthalten. Die wichtigsten sind *Authorware* bzw. *Director* (beide Macromedia) und *Multimedia Toolbook* (Asymetrix). Dazu kommen *Delphi* (Borland) und *Visual Basic* (Microsoft) als multimediageeignete Programmiersprachen, die über einen größeren Funktionsumfang und eine bessere Erweiterbarkeit verfügen, dafür aber weniger benutzerfreundlich sind. Für genauere Informationen siehe auch den Vergleichstest in der Zeitschrift c't, Heft März 1996 [3.1.1].

Diese Autorenumgebungen stellen eine eigenständige Rubrik von professioneller Software dar und werden durch ihre technische Weiterentwicklung das Erstellen von Multimedia-Anwendungen weiter vereinfachen, so daß in Zukunft das Erzeugen von Materialien und das Entwerfen verbesserter Konzepte dem Anteil nach steigen, der Gesamtaufwand sich jedoch reduzieren wird.

Dennoch empfiehlt es sich bis auf weiteres für alle Firmen, insbesondere solche, die nicht selbst aus der Computerbranche kommen, sich für die Erstellung einer CD-ROM professioneller, externer Hilfe zu bedienen.

Behindertenfreundliche Verbesserung der Userinterfaces

Ein Nachteil der heutigen CD-ROM Angebote ist Ihre technische Abgeschlossenheit, d.h. es gibt in der Regel keine Anknüpfungspunkte für Erweiterungen der Bedienoberfläche. Als typischer Vertreter sei hier der OTTO-Katalog genannt, der fast ausschließlich mit Mausclicks gesteuert wird und daher ohne Maus auch nicht zu bedienen ist.

Das Weglassen der Tastatur als mögliches Eingabegerät erscheint vordergründig als Fortschritt, man muß jedoch wissen, daß Tastaturcodes ein wirksames Mittel zur Steuerung von Anwendungen durch behindertenfreundliche Zusatzsoftware sind. Insbesondere Diktiersysteme und Spezial-Tastaturen arbeiten mit Vorliebe mit Tastenmakros.

Um diesem Nachteil entgegenzuwirken und um eine neue Methode zur Steuerung von Multimedia-Systemen zu erproben, wurde ein Spracherkennungs-System für PC speziell an das OTTO-Katalogsystem angepaßt und mit behinderten und nichtbehinderten Benutzern erprobt.

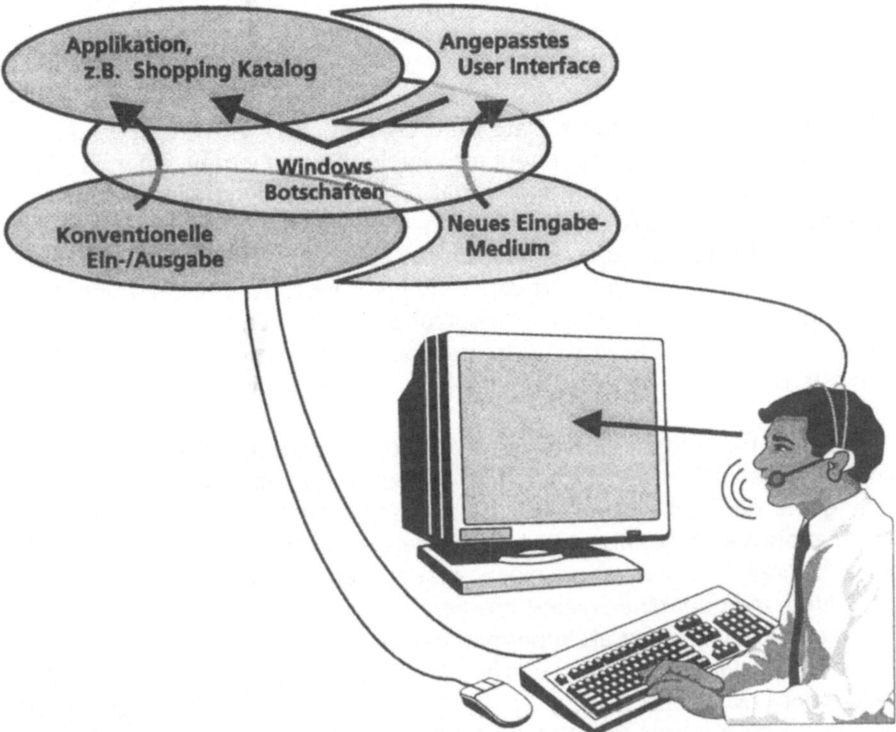

Abb. 3.1.3 Funktionsprinzip einer multimedialen Erweiterung der Benutzungsoberfläche

Die Navigation innerhalb des Katalogsystems erfolgt vollständig mit gesprochenen Kommandos. Es ist bemerkenswert, daß das möglich war, ohne über interne Informationen aus dem Katalogsystem zu verfügen. Dadurch wird eine gewisse Unabhängigkeit zwischen der Entwicklung der Anwendung und der Entwicklung neuer Eingabeverfahren belegt, was die Praxistauglichkeit der Methode erhöht.

Neueste und zukünftige Entwicklungen im Rahmen des Projektes

Aufbauend auf den mit dem OTTO-Katalog gewonnenen Erfahrungen in der Realisierung neuer Eingabeverfahren wird derzeit an einem Spin-Off eines Systems der Firma BP gearbeitet. Die schlicht „Supermarkt" genannte Anwendung läuft zur Zeit bereits als Teil des „Electronic Shopping"-Feldversuchs an den BP-Tankstellen. Hier kann an einem Datenterminal rund um die Uhr eingekauft werden. Abgeholt werden die Lebensmittel dann am nächsten

Tag an der Tankstelle. Wahlweise kann sich der Kunde die Waren auch ins Haus liefern lassen.
Besonders dieser Service, wenn er vom heimischen Computer aus verfügbar wird, ist für Körperbehinderte sehr attraktiv, da er sie von fremder Hilfe unabhängiger macht.

Eine Sprachsteuerung für die Supermarktanwendung wurde am Fraunhofer-Institut für Graphische Datenverarbeitung, IGD entwickelt und wird derzeit in die Anwendung integriert. Beide Komponenten können dann zusammen auf einem Datenträger verteilt werden, wodurch ein behindertenfreundliches Einkaufssystem für den täglichen Einkauf entsteht. Das ganze ergibt natürlich keinen Sinn, solange nicht auch ein tatsächlicher „Einkaufs-Bring-Dienst" am jeweiligen Ort vorhanden ist. Dieses zu erreichen übersteigt natürlich die Möglichkeiten und Zielsetzungen eines Forschungsprojektes. Es bleibt jedoch das Ziel der Arbeitsgruppe, eine solche Supermarkt-CD wenigstens als Prototyp zu erzeugen und mit behinderten Nutzern zu erproben.

Das eigentlich Bemerkenswerte an der Supermarktanwendung ist, daß sie einer der ersten Vertreter einer ganz neuen Klasse von Anwendungen ist. Bislang war der Home-Computer, selbst in seiner vernetzten Form, eine reine Informationsmaschine, also nichts weiter als eine mehr oder weniger intelligente Schreibmaschine mit einigen zusätzlichen Funktionen (Wecker, Faxgerät etc.) und/oder eine Spiele-Konsole.

Mit einer Anwendung als Supermarktterminal wird der Computer zum Helfer bei der Bewältigung des täglichen Lebens, und das nicht nur für Behinderte oder Privilegierte, sondern potentiell für jedermann. Diese Vision eröffnet der Computerbranche, den Telekommunikationsanbietern und den Anbietern von Waren und Dienstleistungen einen neuen Markt, von dem alle profitieren können und der in Zukunft auch Chancen für neue Arbeitsplätze bietet, insbesondere, wenn Dienstleistungen wie z.B. der private Einkauf aus dem privaten Bereich zu professionellen Dienstleistern übergehen.

3.1.2 Einkaufen über Online-Kataloge: Teleshopping via Internet

Dipl.-Phys. Andreas Abele
Fraunhofer-Institut für Produktionstechnik und Automatisierung, IPA

In Kapitel 3.1.1 wurden bereits die unterschiedlichen Ausgangsargumente für die Verwendung von „statischen" und „dynamischen" Verkaufsmedien erläutert. Dabei wurde gezeigt, daß durchaus beide Medien nebeneinander existieren können, da sie prinzipiell unterschiedliche Marktsegmente abdekken. Die statischen Medien wie z.B. CD-ROMs oder Papierkataloge haben in der Regel einen längeren Gültigkeitszeitraum, der typischerweise in der Größenordnung von 6-12 Monaten liegt. Durch die lange Gültigkeit dieser Angebote ist es für den Anbieter möglich, komplett neue Angebotsserien zu entwickeln, zu produzieren und an die potentielle Kundschaft zu verteilen. Dies ist im Falle von Kleidern oder Haushaltsgeräten auch durchaus sinnvoll, da sich z.B. die Mode in der Regel nur etwa jährlich ändert.

Denkt man aber beispielsweise an die rasanten Entwicklungen auf dem Bereich der Computerhardware, so wird sehr schnell deutlich, daß das Konzept der halbjährlichen Kataloge in diesem Fall nahezu zwangsläufig versagen muß, denn erstens verändern sich die Preise teilweise täglich – es sind schon Fälle beobachtet worden, bei denen der Preis für PC-Speicherbausteine im Verkaufsraum auf einer Schiefertafel notiert war und dieser stündlich mit dem aktuellen Dollarkurs abgeglichen wurde – und zweitens ist auch die Entwicklung von neuen Komponenten derart rasant, daß ein Kataloganbieter seinen Katalog gar nicht so schnell aktualisieren kann, wie Neuerscheinungen und -entwicklungen auf den Markt drängen. Ein weiteres Feld, bei dem die schnelle Aktualisierbarkeit von Angeboten eine wichtige Rolle spielt, ist das Geschäft mit den Zeitungsbeilagen, in denen Kaufhäuser und Supermärkte ihre aktuellen Sonderangebote veröffentlichen.

Vor diesem Hintergrund erscheint es durchaus sinnvoll, für bestimmte Warensortimente einen Online-Katalog zu realisieren, der schnell und unkompliziert aktualisiert werden kann. Diese Art Katalog hat den weiteren Vorteil, daß er nicht vervielfältigt und an die Kundschaft verteilt werden muß.

Möglichkeiten und Grenzen von Online-Katalogen

Mit Hilfe von Online-Katalogen eröffnet sich die Möglichkeit, kurzlebige und im Preis schnell variierende Warensortimente attraktiv anzubieten. Dies geschieht normalerweise über sogenannte „Multi-Media-Browser" mit deren Hilfe die Ware in Bild, Ton und Schrift multimedial angeboten und beschrieben werden kann. Aus übertragungstechnischen Gründen wird jedoch zur Zeit nur von Standbildern mit vergleichsweise geringer Orts- und Farbauflösung Gebrauch gemacht, da die Übertragung von hochaufgelösten Bildern, bzw. Filmen oder 3D-Darstellungen mit Hilfe der derzeit verfügbaren Netze zu lange Verzögerungszeiten bzw. zu hohe Kosten für den Benutzer verursachen. Als Beispiel für eine typische Teleshopping-Anwendung für schnellebige Produkte wird hier der Katalog einer kleinen Computerfirma vorgestellt.

Beispiel für einen Online-Hypermedia-Katalog

Das folgende Beispiel zeigt, wie man sich mit Hilfe von sogenannten „HotSpots" innerhalb eines Hypermedia-Online Katalogs bewegt. Der Katalog wurde mit Hilfe des HTML3.0-Standards erstellt und ist mit jedem gängigen WWW-Browser (Netscape, Mosaic, Internet-Explorer etc.) darstellbar. Die Homepage des Kataloges ist derzeit über die Homepage des deutschen Internetverzeichnisses (web.de) erreichbar und abrufbar.

Der Katalog beginnt mit seiner Homepage. Diese enthält zunächst 3 Verweise auf weitere Seiten:

- Die erste Seite stellt die Firma vor,
- die zweite Seite führt zum eigentlichen Katalog
- während die dritte Seite direkt zu den Bestellungen führt.

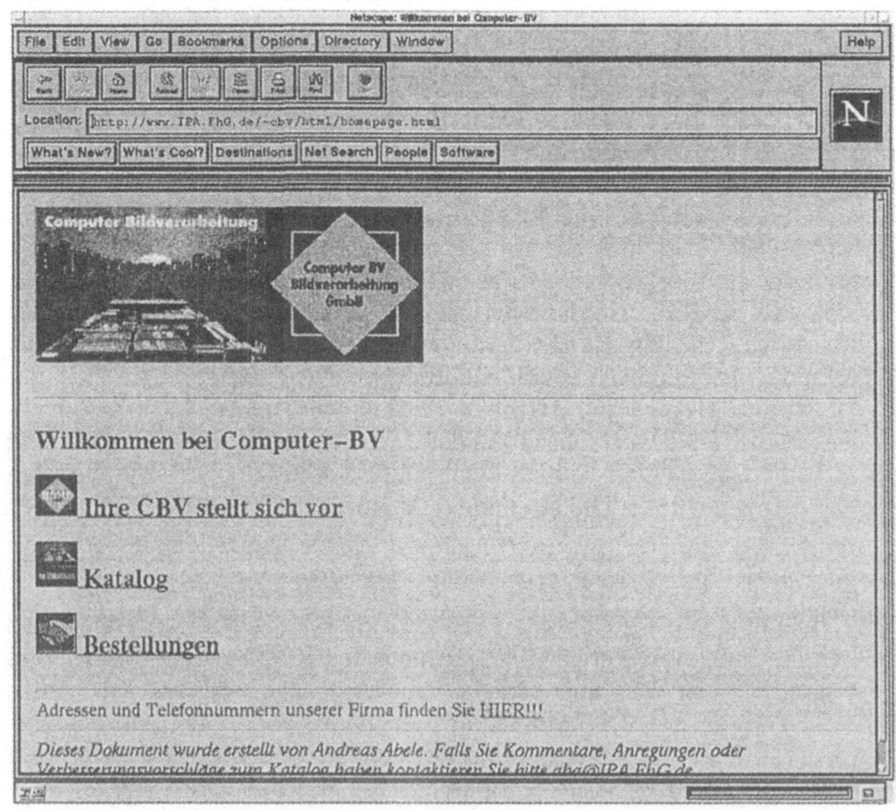

Abb. 3.1.4 Homepage des Online-Kataloges

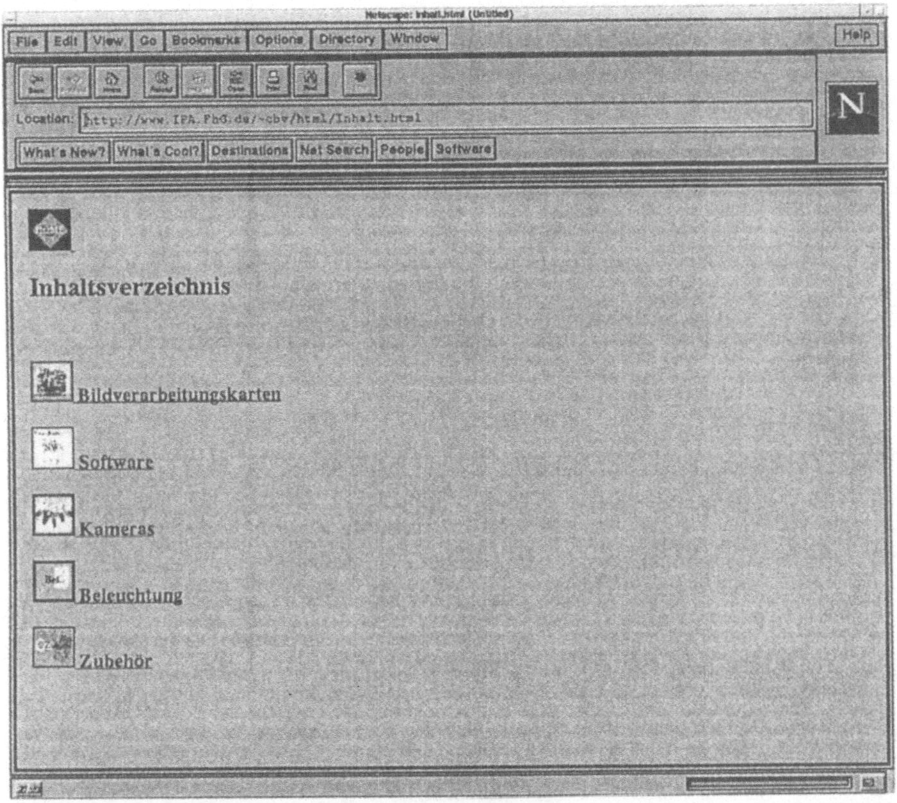

Abb. 3.1.5 Inhaltsverzeichnis des Online-Kataloges

Die erste Seite des eigentlichen Kataloges enthält ein Inhaltsverzeichnis mit klickbaren Icons und Kapitelüberschriften, sowie einen Verweis zurück auf die Homepage des Kataloges. Abbildung 3.1.5 zeigt das Inhaltsverzeichnis des Kataloges.

Das Icon, das zurück zur Homepage führt, ist Bestandteil des Steuerungssystems des Kataloges. Alle Steuerungselemente treten immer wieder auf nahezu jeder Seite des Katalogs auf und sind in ihrer Funktion intuitiv verständlich gestaltet. Im folgenden werden die einzelnen Steuerelemente und ihre jeweilige Bedeutung erklärt.

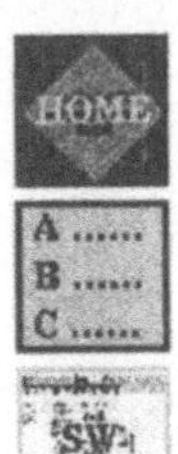

Zurück zur Homepage des Kataloges

Zum Inaltsverzeichnis des Kataloges

Zum Inhaltsverzeichnis des aktuellen Kapitels

 Ein Produkt weiterblättern

 Eine Seite/Kapitel weiterblättern

 Ein Produkt zurückblättern

 Eine Seite/Kapitel zurückblättern

 Zum Bestellformular verzweigen

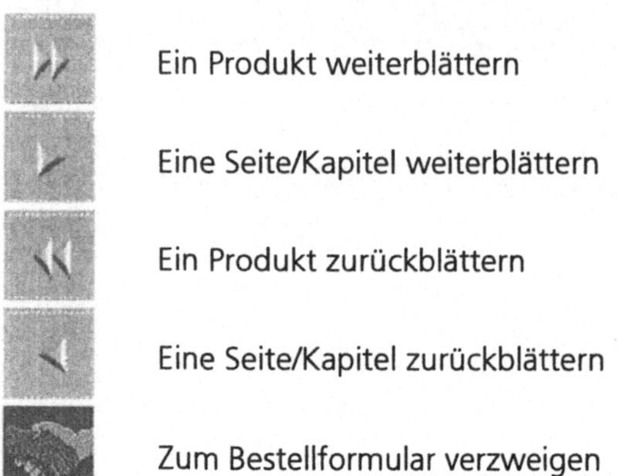

Mit Hilfe dieser wenigen Steuerungselemente kann der komplette Katalog bedient werden. Die Elemente wurden dabei so im Katalog untergebracht, daß es von jeder Seite aus möglich ist, die Homepage, das Bestellformular, das Inhaltsverzeichnis sowie die benachbarten Produktseiten zu erreichen.

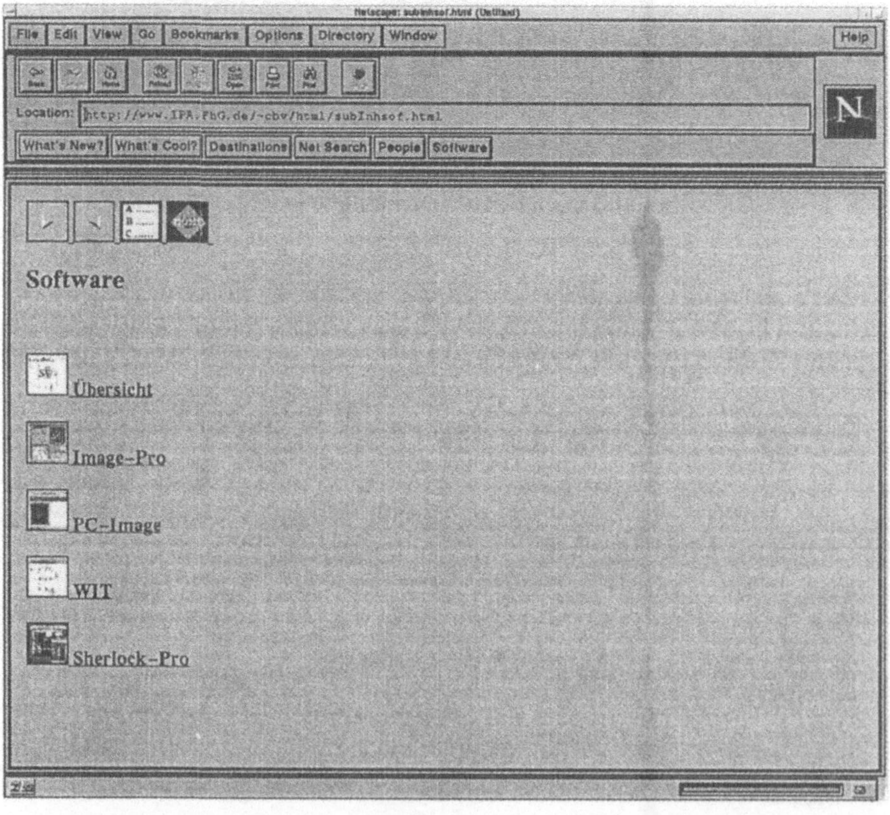

Abb. 3.1.6 Kapitel-Inhaltsverzeichnis für Software

Im folgenden wird ein exemplarischer „Spaziergang" durch den Katalog unternommen. Angenommen, der potentielle Kunde sucht nach Software für ein Bildverarbeitungssystem. Ausgehend vom Inhaltsverzeichnis erreicht man über die Aktivierung des „Software-Icons" das Kapitelverzeichnis für Software (Abbildung 3.1.6).
Der Kunde kann nun entweder direkt auf einen der angegeben Icons verzweigen oder er kann einfach in das Kapitel hineinblättern. Dies geschieht, indem er das Icon anklickt. Jetzt erscheinen nacheinander die einzelnen Katalogseiten, in denen das entsprechende Produkt in Wort und Bild beschrieben ist (Abbildung 3.1.7). Klickt der Kunde das -Icon an, so wird direkt auf das Bestellformular (Abbildung 3.1.8) verzweigt, das der Kunde nur noch ausfüllen muß. Das Bestellformular kann dann entweder abgeschickt werden, oder der ganze Vorgang wird abgebrochen und man gelangt wieder auf die Homepage des Katalogsystems.

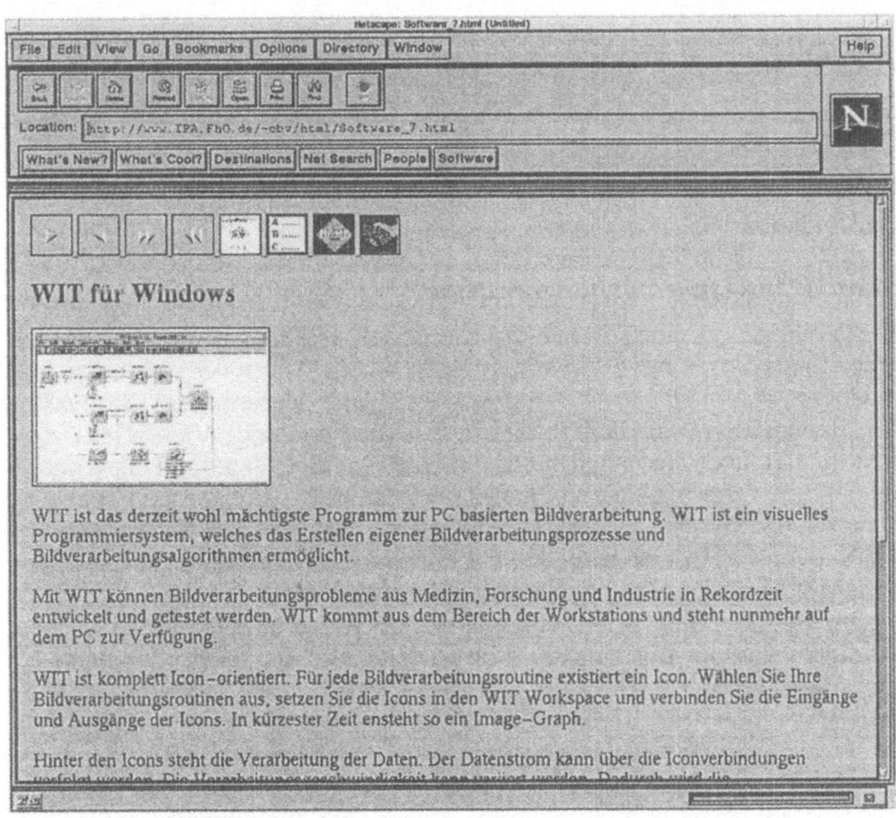

Abb. 3.1.7 Beispiel für eine typische Katalogseite aus dem Online-Katalog

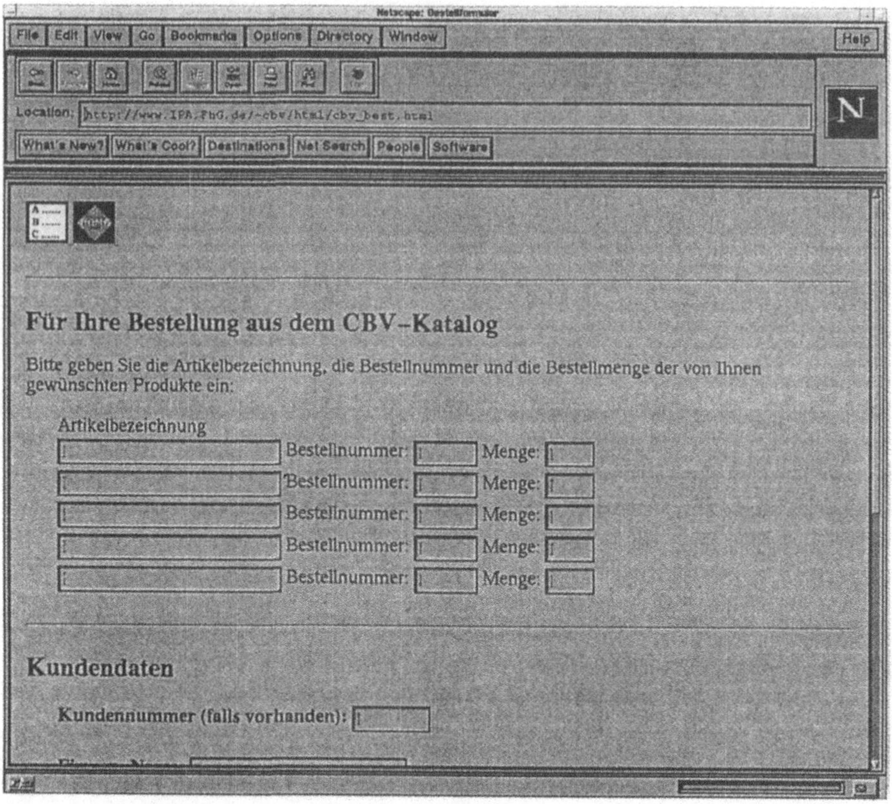

Abb. 3.1.8 Bestellformular des Online-Kataloges.

Entwicklungs- und Verbesserungschancen

Die Verwendung eines Online-Katalogsystems erreicht mit Sicherheit eine noch sehr viel höhere Akzeptanz am Markt, wenn die Qualität der angebotenen multimedialen Daten verbessert wird. Insbesondere die Qualität der übertragenen Bilder läßt noch sehr zu wünschen übrig. Andererseits ist es derzeit auch fast nicht möglich, bessere Daten zu übertragen, da diese naturgemäß mehr Speicherplatz und damit längere Übertragungszeiten benötigen. Es ist keinem Kunden zuzumuten, daß er mehrere Minuten auf ein Katalogbild warten muß, ganz abgesehen von den hohen Telefonkosten, die eine längere Online-Session bei den Verbrauchern verursacht.

Um die Akzeptanz von Online-Angeboten zu erhöhen, bieten sich zwei Lösungszweige an. Der eine Weg ist die Senkung der Telefongebühren für den Verbraucher. Dies kann entweder durch die Telefongesellschaft geschehen oder durch die teilweise Übernahme der Kosten durch den Kataloganbieter. Der zweite Weg ist in einer deutlichen Steigerung des Netzdurchsatzes zu sehen. Dies eröffnet die Möglichkeit, Katalogseiten sehr viel schneller zu laden und attraktivere Formen der Produktpräsentation wie Videos, 3D-Darstellungen und interaktive Präsentationen einzusetzen.

3.1.3 Kultur und Unterhaltung –Das „Virtuelle Museum"

Dr.-Ing. Rainer Ulrich
Fraunhofer-Institut für Integrierte Schaltungen, IIS

Die Möglichkeiten moderner Online-Dienste werden zunehmend von Institutionen benutzt, die dem Themenkreis Kultur zuzuordnen sind. „Virtuelle Museen", die über den Dienst „World Wide Web" (WWW) des weltweiten Computernetzes Internet erreicht werden können, existieren in den USA schon in großer Zahl, in Deutschland hingegen gibt es nur wenige, die diesen Namen zu Recht tragen.

Museen im Internet sind manchmal das Werk interessierter Privatpersonen oder Vereine, die Informationen über ihr Hobby zusammengetragen haben und dieses nun präsentieren wollen, zumeist jedoch ein Angebot real existierender Museen. Virtuelle Museen sollen daher keineswegs reale Museen ersetzen, sondern über dieses neue Medium einer Vielzahl von potentiellen Besuchern bekanntmachen. Am Beispiel des Nürnberger Verkehrsmuseums werden die Möglichkeiten und die Grenzen eines solchen Dienstes dargestellt.

Virtuelle Museen – eine Bestandsaufnahme

Virtuelle Museen nutzen Hypermediasysteme um dem „Besucher" multimediale Dokumente (Texte, Bilder, Klänge, Videos, ...) zur Verfügung zu stellen. In Hypermediasystemen sind die einzelnen Abschnitte nicht linear wie in einem Buch angeordnet, sondern erlauben durch sogenannte „Links" das Verfolgen von Querbezügen. Zielgruppen eines solchen Museums-Hypermediasystems sind Privatpersonen, Sammler, Journalisten, Lehrer, Schulklassen aber auch Fachautoren und Forscher.

Zu den Möglichkeiten des Systems gehört der Rundgang durch das Museum, das Einholen von Information über bestimmte Epochen oder Exponate, die Suche über Stichworte, ein „schwarzes Brett" mit aktuellen Meldungen und eine „Diskussions- und Meckerecke". Die Objekte können durch Texte, Bilder, Tonproben oder Videos erläutert werden. Mit der Einbettung von Beschreibungen für virtuelle Realität (VRML, Virtual Reality Modelling Language) ist theoretisch auch das Navigieren in synthetisch erzeugten Räumen möglich, die dafür nötige hohe Rechenleistung ist bei einigen Zielgruppen (Privatpersonen und Schulen) jedoch in der Regel nicht vorhanden.

Die Verbreitung der Inhalte kann zum einen online erfolgen, zum anderen über CD-ROM. Sinnvollerweise sollten beide Wege beschritten werden, da sich große statische Informationsmengen über CD-ROM wesentlich preisgünstiger verteilen lassen, ein Online-System hingegen mehr Kunden erreicht und aktuellere Informationen liefern kann. Ebenso sind Verweise auf andere im Internet erreichbare Museen mit verwandten Themen möglich.

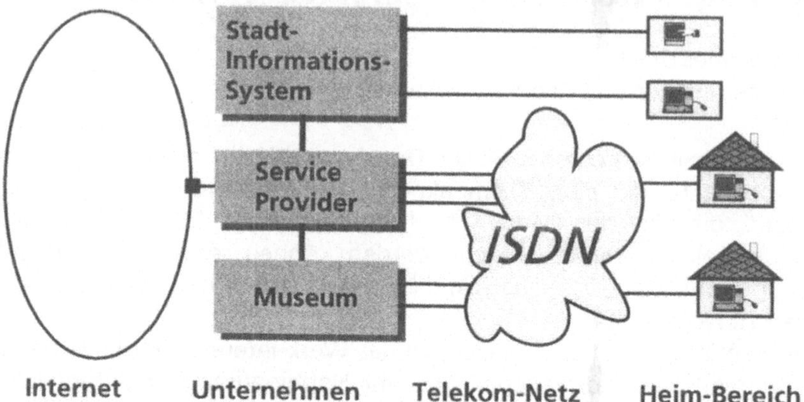

Abb. 3.1.9 Einbindung eines Museums in ein Stadtinformationssystem

Bisherige Ansätze, Informationen zu deutschen Museen im World Wide Web zu präsentieren, erfolgten meist durch die Integration in ein Stadtinformationssystem. Die Inhalte dieser Informationssysteme sind weltweit über Internet erreichbar. Zudem gibt es an ausgewählten Punkten im Stadtgebiet (Bahnhof, Rathaus, Fremdenverkehrsamt, ...) frei zugängliche Terminals. Für Benutzer, die diesen Dienst vom eigenen PC aus nutzen wollen, stehen kostenlose Einwahlmöglichkeiten über das analoge Telefonnetz mit einem Modem oder über das modernere digitale Netz (ISDN) zur Verfügung.

Leider sind die Museen oft nur mit wenigen Seiten vertreten: Neben einer Übersicht über die Themengebiete werden oft nur Öffnungszeiten und Eintrittspreise genannt.

Chancen für ein virtuelles Museum

Auf einigen wenigen Seiten, die nur Inhalte aufzählen, anstatt sie darzustellen, läßt sich nur selten Begeisterung für ein Museum wecken. Die Ziele für ein Informationssystem müssen daher sein:

- *Vollständigkeit:* Alle Themengebiete sollten nicht nur als Übersicht, sondern auch mit realen Inhalten dargestellt werden.
- *Wählbare Informationstiefe*: Neben den obligatorischen Übersichten sollen interessierte Besucher auf Wunsch auch näheres über einzelne Objekte oder Zusammenhänge erfahren können.
- *Skalierbarkeit*: Nicht alle Besucher besitzen leistungsfähige Rechner und eine schnelle Internetanbindung. Die Seiten sollen daher einfach gehalten sein. Der Benutzer selbst kann dann entscheiden, ob das Objekt für ihn so interessant ist, daß es sich lohnt, auf ein Großbild, eine Klangprobe oder ein Video etwas länger zu warten.
- *Leichte Bedienbarkeit*: Um das System nicht nur im Internet, sondern auch als Informationssystem im Museum selbst einsetzen zu können, muß die

Bedienung einfach sein und für Computerlaien mit Hilfe eines berührungssensitiven Bildschirms („Touch-Screen") erfolgen können.

- *Universalität*: Das System darf nicht auf einen speziellen Computertyp oder ein spezielles Darstellungsprogramm („WWW-Browser") zugeschnitten sein. Die häufig zu sehende Meldung:"...beste Ergebnisse mit Browser xy Version 3.0, Bildschirmauflösung 800x600..." bedeutet in der Regel völlig unbrauchbares Aussehen bei einer anderen Konfiguration.
- *Interaktivität*: Der Besucher soll nicht nur betrachten, sondern auch handeln können. Als Beispiele sind Suchfunktionen, selbst zu steuernde Experimente oder Quizfragen zu nennen.

Gründe für den Einsatz multimedialer Informationsdienste im Museumsumfeld sind:

- Die Exponate sind aufgrund ihres Werts, ihrer Größe oder ihres Erhaltungszustands ortsgebunden und können nur vor Ort erschlossen werden.
- Es existiert umfangreiche Sekundärliteratur, die vor Ort nicht präsentiert werden kann, sich aber ausgezeichnet zum Selbststudium eignet.
- Sehr umfangreiche Datenbestände mit Querbezügen existieren als verteilte Information.

Das virtuelle Museum soll mehr sein als nur plumpe Werbung für das reale Museum. Es ist ein neuer Service, der Auswärtigen die Gelegenheit bietet, das Museum zu besuchen oder Seh- und Gehbehinderten einen bequemen Überblick verschafft. Eine weitere interessante Zielgruppe sind Schulen. Es ist z.B. denkbar, daß schulische Arbeitsgruppen nach einem Museumsbesuch bestimmte Themen aufarbeiten und selbst für das World Wide Web aufbereiten.

Das virtuelle Museum hat keinen Platzmangel wie viele reale Museen. Viele Objekte, die ansonsten im Fundus verstauben, können hier ständig betrachtet werden. Mit wechselnden Sonderausstellungen bietet das Museum auch bei wiederholten Besuchen stets Neues.

Die Wünsche der Besucher können durch das freiwillige Ausfüllen von Befragungsseiten, durch elektronische Post (Email), aber auch durch die Statistiken, die das Museumssystem über die Zugriffe auf einzelne Inhalte erstellt, in Erfahrung gebracht und berücksichtigt werden.

Die Präsenz im Internet kann nicht nur Werbecharakter haben. Kostenpflichtige Dienste, die ein Museum im Internet anbieten kann, sind z.B. der Verkauf von Souvenierartikeln oder speziellem Bildmaterial, aber auch aufwendige Recherchen in der Museumsbibliothek.

Verkehrsmuseum Nürnberg Online

Das Verkehrsmuseum in Nürnberg beherbergt, für den Besucher nicht auf den ersten Blick erkennbar, zwei getrennte Museen: das Bahnmuseum und das Museum für Post und Kommunikation.

Das von beiden gemeinsam betriebene System für das virtuelle Verkehrsmuseum (http://www.vmn.nuernberg.de) besteht aus:

- einer Workstation mit UNIX-Betriebssystem, auf der sich die Datenbank und das Dienstprogramm befinden, das die multimedialen Dokumente zur Verfügung stellt (WWW-Server),
- vernetzten PCs, die zur Erstellung und Pflege der Präsentationsseiten und Datenbestände dienen,
- PCs in den Ausstellungsräumen, an denen Besucher des realen Museums sich auch im virtuellen Museum umsehen können und
- aus einem Vermittlungsrechner („Router"), der den Zugang zum Internet regelt.

Die Erfassung und Verknüpfung von Texten, Bildern, Audio- und Videodaten geschieht vorzugsweise an PCs, ist jedoch auch an der Workstation möglich. Neben einem Farbscanner zum Einlesen von Bildern steht auch die Ausrüstung zum Digitalisieren von Videoaufnahmen zur Verfügung. Eine digitale Kamera, mit der ohne Umweg über Filmentwicklung, Bilder für das virtuelle Museum erstellt werden können, steht zur Beschaffung an. Mit ihr könnten dann auch Live-Bilder aus dem Museum im Internet abgerufen werden.

Neben der Nutzung als Auskunfts- und Recherchesystem wird die dem virtuellen Museum unterlagerte Datenbank zur Archivierung und Katalogisierung des Museumsbestandes dienen. Während die eigentliche Datenbank auf der Workstation läuft, erfolgt der Zugriff von Mitarbeitern auf den Datenbestand über die vernetzten PCs. Die Erfassung neuer Daten und die Pflege des bisherigen Datenbestandes ist so gestaltet, daß sie von den, im Umgang mit PCs erfahrenen Mitarbeitern erfolgen kann.

Die Anbindung an das Internet erfolgt über den Router, der auch den Zugang externer Rechner aus dem Internet und dem Stadtinformationssystem kontrolliert. Ein spezielles Schutzprogramm („Firewall") verhindert unerlaubte Zugriffe von Computer-Hackern. Dieser Router bietet auch direkte Einwahlmöglichkeiten über ISDN.

Der Zugang zum Internet erfolgt über eine Standleitung zum Service Provider (OnlineService Nürnberg), der auch schon das Nürnberger Stadtnetz (http://www.nuernberg.de) beherbergt. OSN stellt seine Einwahlmöglichkeiten über Modem und ISDN für die Besucher des Museums kostenlos zur Verfügung.

Bereits vor einem Jahr wurde die Software auf ausgewählten Rechnern des Museums installiert und das Grundgerüst für das virtuelle Museum in enger Zusammenarbeit mit dem Museum erstellt. Ein Vorschlag zur Strukturierung des Dokumentenbaumes wurde mit einigen Abwandlungen angenommen.

Alle potentiellen Autoren der beteiligten Museen wurden in die Bedienung der Autorenumgebung (Word Internet Assistant, GNN Press, Curl) und der verschiedenen WWW-Browser (Netscape, Mosaic, Internet-Explorer) eingewiesen. Da fast alle Autoren bereits PC-Erfahrung besaßen und Word als Standardprogramm zur Texterstellung verwenden, ergaben sich hier wenig Probleme. Die optisch ansprechende Seitengestaltung mit den beschränkten Stilmitteln der Dokumentenbeschreibungssprache HTML war jedoch Gegenstand längerer Diskussionen. So wurde schließlich bewußt auf die Benutzung

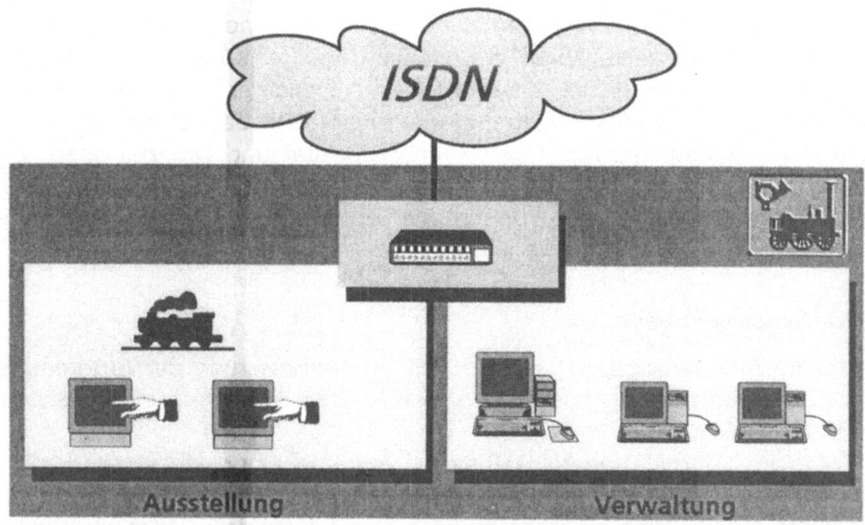

Abb. 3.1.10 Das Museumssystem im Überblick

von „Erweiterungen" verzichtet, die nur mit einem bestimmten Browser das gewünschte Ergebnis liefern.

Kompromisse mußten vor allem bei Audio- und Videodokumenten gemacht werden. Abgesehen davon, daß eine formatfüllende Anzeige von Videos die Fähigkeiten der meisten Heim-PCs übersteigt, sind die Datenmengen so enorm, daß sich selbst mit ISDN-Anschluß Ladezeiten im Stundenbereich ergeben würden. Daher wurden Bildgröße und schlechtere Qualität bewußt in Kauf genommen, um erträgliche Ladezeiten zu erzielen. An dieser Stelle ist die Kombination mit einer CD-ROM sinnvoll.

Die verwendeten Video- und Audiokompressionsverfahren stellen ebenfalls einen Kompromiß dar: So wurde z.B. bei Videos nicht das aus der PC-Welt stammende Verfahren Indeo der Firma Intel verwendet, sondern das von der Firma Apple entwickelte Verfahren Quicktime, um auch Benutzern von Rechnern mit UNIX-Betriebssystem und Apple Macintosh-Rechnern die Darstellung zu ermöglichen.

Das Museumssystem ist seit Beginn des Jahres in Betrieb und wird ständig erweitert. Erste Befürchtungen, das Online-Museum könnte zu einem Rückgang der Besucherzahlen führen, bestätigten sich nicht. Im Gegenteil: Die im Museum befindlichen Rechner, mit denen derzeit die gleichen Informationen wie im Internet dargestellt werden können, sind ständig umlagert. Die eingehenden Rückmeldungen sind durchwegs positiv und enthalten Anregungen für die Erweiterung des Angebots.

Mehr als 30.000 Zugriffe pro Monat mit mehr als 600 MByte Datenvolumen (Juli '96, Tendenz stark steigend) beweisen, daß das Angebot die Wünsche der Besucher trifft. Eine genauere Analyse zeigt, daß 50 Prozent der Zugriffe aus dem Ausland erfolgen. Die häufigsten „Kunden" sind zudem

„Proxy-Server" von großen Netzen wie T-Online, AOL und Compuserve. Diese Rechner fordern einzelne Dokumente im Auftrag ihrer Kunden an, speichern sie aber für eine begrenzte Zeit selbst. Will ein anderer Benutzer über den Proxy-Server eine bereits zwischengespeicherte Seite betrachten, wird ihm diese Kopie zugespielt, was Übertragungskapazität und Ladezeit spart. Da diese Zugriffe gar nicht bis zum Museum durchgeführt werden und deshalb auch nicht registriert werden können, dürfte die tatsächliche Zahl von Besuchern noch wesentlich höher liegen.

Zukunftsperspektiven

Derzeitige Arbeiten beschäftigen sich mit der Verbesserung der Autorenumgebung (Automatische Verzweigung in drei Sprachen) und der Integration der Datenbank.

Wenn im Internet höhere Datenraten zur Verfügung stehen und mehr Rechenleistung auch bei privaten Anwendern vorhanden ist, können über geeignete Kompressionsalgorithmen noch höher aufgelöste Bilder und Videos zur Verfügung gestellt werden. Speziell für Audio und Video wird dabei an einem Modus gearbeitet, der die Daten während des Anhörens bzw. Ansehens in Echtzeit überträgt.

Ein weiterer Ansatz die Attraktivität des Museumssystems zu steigern, sind Seiten, auf denen sich interaktiv Experimente durchführen lassen. So lassen sich z.B. die Einflüsse von Störungen auf verschiedene Verfahren der Nachrichtenübertragung darstellen.

Informations- und später auch Buchungsmöglichkeiten für die mit historischen Lokomotiven bespannten Sonderzüge sind ein Ziel für die nähere Zukunft.

Kaufmöglichkeiten für Souvenierartikel, aber auch spezielle Informationen, die von Museumsmitarbeitern erst recherchiert werden müssen, sollen ebenfalls angeboten werden.

Die über Internet angebotenen Seiten sind bis jetzt kostenfrei. Sobald sich funktionierende Modelle zur Inrechnungstellung kleiner Beträge etabliert haben, können weit umfangreichere Angebote, allerdings gegen eine geringe „Eintrittsgebühr", im Internet zur Verfügung gestellt werden.

3.1.4 Informationsbörsen für Senioren und Behinderte

Dipl.-Inform. Fernando Chaves
Fraunhofer-Institut für Informations- und Datenverarbeitung, IITB

Die Entwicklungen auf den weltweiten Computernetzen machen auch im sozialen Umfeld nicht halt. Um sich auf dem verschärfenden Markt behaupten zu können, sehen sich auch die Träger sozialer Dienste gezwungen, sich der Computertechnologie zu bedienen. Wie in anderen Branchen auch, sollen vorhandene Kapazitäten durch Technologieeinsatz für dispositive Zwecke effektiver genutzt werden können.

Im Pflegebereich gibt es jedoch eine Besonderheit: Die geistigen Potentiale der zu betreuenden Behinderten (und Senioren) bleiben durch Behinderung oder Immobilität meistens unberührt. Diese Potentiale können für das Erlernen der Bedienung von Kommunikations- und Informationssystemen zum Nutzen der Betroffenen mobilisiert werden.

Das Szenario zeigt auf, wie durch die Kombination von organisatorischen Maßnahmen und konsequenter Nutzung der Internet/Intranet Technologie maßgeschneiderte, kostendeckende Lösungen – nicht nur im sozialen Umfeld – geschaffen werden können:

Das im Rahmen von COBRA-3 entwickelte Elektronische Katalogsystem ermöglicht es unerfahrenen Computer-Nutzern auf verteilte Art und Weise und zeitkritisch Informationen zu erfassen und als gemeinsame Informationsbestand einem breiten Kunden-/Interessentenkreis bereitzustellen.

Nicht zuletzt eröffnen sich hierdurch für Senioren und Behinderte Zugangsmöglichkeiten zu einem breiten Spektrum von Informationen und Diensten, aber auch zu neuen Betätigungs- und Arbeitsfeldern.

Ausgangssituation

Das Land Baden-Württemberg hat in einem Erlaß vom Jahre 1992 zur „Neuordnung der ambulanten Hilfen" [3.1.10] die Einrichtung sogenannter „Informations-, Anlauf- und Vermittlungsstellen (IAV)" vorgesehen. Darin heißt es auf S.14:

> „Um die Information über bestehende Hilfeangebote zu verbessern und dem hilfesuchenden Bürger eine einheitliche Anlaufstelle zur Verfügung zu stellen, die ihm schnell und umfassend die erforderlichen Hilfeleistungen vermittelt, sind einheitliche Informations-, Anlauf- und Vermittlungsstellen in überschaubaren Versorgungsbereichen (ca. 20.000 Einwohner) vorzusehen. Ihre Einrichtung erfolgt auf der Grundlage einer Vereinbarung sämtlicher freier Träger und ggf. kommunaler Träger, die im Versorgungsbereich ambulante Hilfen und Dienstleistungen anbieten.
> Träger ambulanter Dienste werden künftig nur noch dann vom Land gefördert, wenn sie an der Informations-, Anlauf- und Vermittlungsstelle ihres Versorgungsbereiches beteiligt sind und mit ihr konstruktiv zusammenarbeiten."

So sinnvoll diese Maßnahmen im Hinblick auf eine effiziente Informationsversorgung der Betroffenen erscheint: bei den freien und kommunalen Trägern sind sie sehr umstritten. Ursache ist vor allem die sich verschärfende Konkurrenzsituation aufgrund der nicht mehr gesicherten Kostendeckung im Pflegebereich. Hiermit geht einher, daß die „Objektivität der Vermittlung" angezweifelt wird. Ein System, bei dem alle Träger und Dienstleistungen – unabhängig von Hintergrund und Größe, aufgrund transparenter und dokumentierbarer Kriterien (Verfügbarkeit, best-fit,...) – berücksichtigt werden, schafft unter Umständen überhaupt erst die Grundlage, auf der dieses Vorhaben umgesetzt werden kann. Aus Sicht der Fachzeitschrift SOCIALimages ist deswegen der Zeitpunkt gekommen, neue Wege zu beschreiten [3.1.13]:

> „Angesichts eines sich verschärfenden Marktes wird es für Anbieter sozialer Dienstleistungen immer wichtiger, schnell und präzise Informationen für unternehmerische Entscheidungen zu erhalten.
> Informationsbeschaffung gestaltet sich als ein sehr aufwendiges Unterfangen, das zeit- und somit kostenintensiv ist. Oft stellt sich schlicht die Frage: Woher bekomme ich überhaupt die für mich relevanten Informationen? So simpel dies auch scheinen mag, ist sie doch eine erste oft unüberbrückbare Hürde auf dem Weg zur Marktkenntnis.
> Ausweg aus dem Informationsdefizit für Anbieter und Nachfrager sozialer Leistungen können in Zukunft das Internet und weitere elektronische Werkzeuge sein."

Es existieren im deutschen Raum und auf europäischer Ebene zwar eine Reihe (kommerzieller) Datenbanken zur Unterstützung bei der Suche und Auswahl von Hilfsmitteln und Dienstleistungen [3.1.3], [3.1.8], [3.1.11]. Diese Datenbanken leiden jedoch oft an mangelnder Aktualität aufgrund der zentral organisierten Erfassung ihrer Inhalte. Andererseits finden sich im Internet kaum Informationsangebote und Dienstenachweise die vergleichbar umfassend sind. Interessant ist aber vor allem, daß die potentiellen Informationsanbieter und -kunden selbst nur peripher diese Online-Dienste kennen und nutzen.

Diese Situation ist nicht spezifisch für den sozialen Bereich. Sie tritt jedoch hier verschärft in Erscheinung, da die Nutzung moderner Technologie im sozialen Umfeld nach wie vor ein Novum darstellt. Dabei können moderne Informations- und Kommunikationstechniken in besonderem Maße helfen, Behinderten neue Wege zu einem selbstbestimmten Leben und älteren Mitbürgern Möglichkeiten der Kompensation altersbedingter Mobilitätsprobleme aufzuzeigen.

Die Informationsbörse für Senioren und Behinderte der IAV-Stellen in Karlsruhe

Ausgehend von diesen Überlegungen wurde vom Fraunhofer IITB in Zusammenarbeit mit den Trägern der mobilen sozialen Dienste in Karlsruhe eine „Informationsbörse für Senioren und Behinderte" auf der Grundlage des Elektronischen Katalogs aufgebaut.

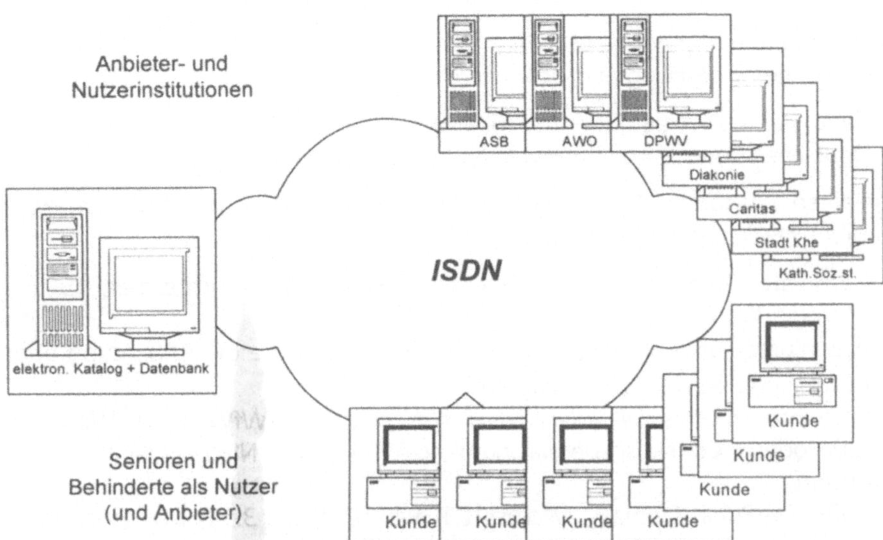

Abb. 3.1.11 Die Intranet-basierte Informationsbörse für Senioren und Behinderte der Informations-, Anlauf- und Vermittlungsstellen (IAV) Karlsruhe

Ziel des Vorhabens war es, die bei den IAV-Stellen partiell vorliegenden, Stadtteil-bezogenen Informationen zu allen Aspekten der Senioren- und Behindertenbetreuung in einen gemeinsamen elektronischen Katalog derart aufzunehmen, daß jede IAV-Stelle in die Lage versetzt wurde, auch globale, Stadtteil-übergreifende, anfragegerechte Auskünfte erteilen zu können. Im Laufe der Erprobung hat sich dieses Ziel erweitert und weiterentwickelt.

Zunächst wurden die IAV-Stellen zu einem stadtumspannenden ISDN-Intranet mit dem Katalogserver im IITB vernetzt. Die Erfassung und Pflege der Inhalte erfolgt mit Hilfe der sogenannten Autorenumgebung durch die Mitarbeiterinnen der IAV-Stellen und durch Zivildienstleistende.

Anläßlich der diesjährig in Karlsruhe stattfindenden REHAB'96 werden schließlich Teile dieser Informationen für den Zugriff über das Internet freigegeben. Somit sind sie allen Bürgern, die über einen entsprechenden Zugang verfügen, direkt zugänglich. Darüber hinaus beabsichtigt die Stadt Karlsruhe, diese Art von Diensten über eigene Zugänge im Stadtbereich (Modem, Infosäulen) anzubieten.

An der Erprobung sind bisher die Träger der IAV-Stellen beteiligt:

- Arbeiter-Samariter-Bund Karlsruhe (1 IAV-Stelle, 1 behinderter Proband),
- Arbeiterwohlfahrt Karlsruhe (1 IAV-Stelle),
- Deutscher Paritätischer Wohlfahrtsverband (1 IAV-Stelle),
- Caritas Verband Karlsruhe e.V. (1 IAV-Stelle),
- Diakonisches Werk Karlsruhe, Außenstelle Durlach (1 IAV-Stelle),

- Katholische Sozialstation (1 IAV-Stelle),
- Sozial- und Jugendbehörde der Stadt Karlsruhe (2 IAV-Stellen).

Folgende Einrichtungen – obwohl nicht Träger von IAV-Stellen – haben sich ebenfalls der Erprobung angeschlossen:

- Reha-Südwest (1 behinderter Proband),
- Deutsches Rotes Kreuz Karlsruhe (1 Arbeitsplatz).

Für einen „Autoren"-Arbeitsplatz (Autorenumgebung) wurde folgende Auswahl an Hard- und Software getroffen:

- Hardware: Standard-PC 80486/Pentium, 8-16 MB Hauptspeicher, 15-17" Monitor, ISDN-Karte,
- Anschlüsse: ISDN S_0-Anschluß (in Einzelfällen erfolgte die Anbindung über bestehende ISDN-Telefonanlagen),
- Software kommerziell: Windows for Workgroups (WfW 3.11), WinWord 6.0a oder 6.0c, Netscape Navigator, CAPI 1.1 und NDIS-Driver für ISDN-Zugriff,
- Software Public-Domain: Microsoft TCP/IP für WfW 3.11, Microsoft Internet Assistant,
- Software Eigenentwicklung: Autorensoftware für Windows-PC-Clients.

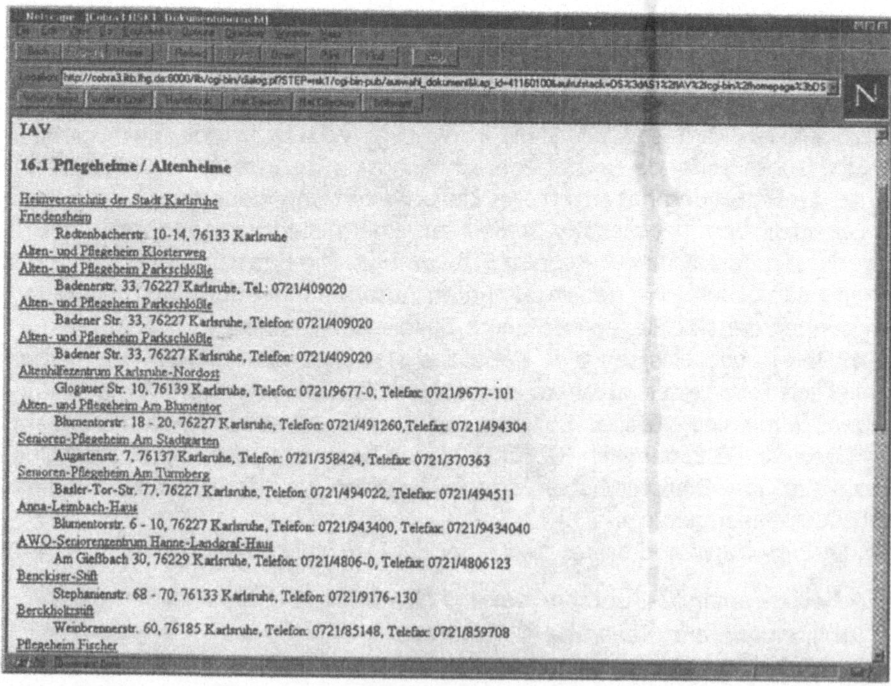

Abb. 3.1.12 Auszug aus dem elektronischen Katalog der IAV-Stellen Karlsruhe

Die Gliederung und Gestaltung des Kataloginhalts (z.B. Kapitelstruktur, Querverweise) sowie Fragen des methodischen Vorgehens wurden zusammen mit den IAV-Mitarbeitern in gemeinsamen Sitzungen besprochen und festgelegt. Die Umformatierung und Übernahme bestehender Inhalte aus Drittquellen (z.B. Ärzte-Adressliste der Kassenärztlichen Vereinigung) erfolgte mit Unterstützung des IITB.

Unterstützung erhielten die Einrichtungen auch hinsichtlich der Integration in bestehende HW/SW-Infrastruktur, bei der Installation und Konfiguration der Hardware und Software, sowie bei der Einweisung und Schulung der Autoren.

Der Zugriff als „Kunde" erfolgt über einen Standard-PC mit einem marktüblichen WWW-Browser und entsprechender Kommunikations-Hard- und -Software (Modem oder ISDN-Karte, T-Online, SLIP, CAPI-1.1, ...). Katalogspezifische Navigationshilfen unterstützen das Auffinden der gewünschten Informationen.

Um auch Behinderten den Zugang zu der Informationsbörse zu ermöglichen, wurde in Zusammenarbeit mit der Fa. Incap GmbH [3.1.7] für mehrere behinderte Probanden geeignete Computerperipherie adaptiert. Von einem (behinderten) Mitarbeiter der Fa. Incap wurde im Auftrag des IITB auch ein kommerzielles Spracheingabesystem erprobt. Die hieraus gewonnenen Erkenntnisse flossen u.a. in die am IITB durchgeführte Entwicklung der Sprachsteuerung für das Katalogsystem.

Ergebnisse

Die Informationsbörse findet sehr viel Resonanz bei den IAV-Stellen, bei den Trägern der mobilen sozialen Dienste aber auch bei den potentiellen Kunden und in der lokalen Presse.

Obwohl die Autoren weitestgehend über keine oder nur geringe PC-Erfahrung verfügten – keine Windows-Kenntnisse, geschweige denn von spezieller Anwendungssoftware – sind sie an die anstehenden Aufgaben mit sehr viel Begeisterung herangetreten. Dies liegt nicht zuletzt daran, daß der Nutzen für die tägliche Arbeit unmittelbar ersichtlich ist.

Die Einführung des Systems hat schon zu Anfang positive Auswirkungen auf die Arbeit der IAV-Stellen gehabt. Hierzu zählen neben einer verbesserten Planung und Abstimmung zwischen den IAV-Stellen, auch sekundäre, nicht geplante aber für die Beteiligten – gleichsam als Beigabe – sehr erfreuliche Nebeneffekte, wie die Nutzung von Fax aus Windows heraus.

In Sachen Computernutzung mußten die Autoren – neben ihren sonstigen Verpflichtungen – innerhalb von wenigen Monaten einen Sprung vom „Mittelalter" ins 20. Jahrhundert vollziehen. Trotzdem oder gerade deswegen haben sie wertvolle Hinweise zur Verbesserung des Systems liefern können. Vielmehr gehen die Wünsche und Vorstellungen der IAV-Stellen und der Träger inzwischen über die vom Katalog anvisierte Funktionalität weit hinaus. Konkret wird Funktionalität der Art gefordert, wie sie in der Logistik-Support-

Börse entwickelt und erprobt wird (Nutzung/Buchung/Verwaltung verteilter Ressourcen und Dienstleistungen).

Ausblick

Quantitativ wie qualitativ, aus technischer wie aus organisatorischer Sicht werden die bisherigen Lösungen vom IITB weiterentwickelt:

Die IAV-Stellen sind in allen Städten Baden-Württembergs (und wohl inzwischen in anderen Bundesländern) eine feste Institution. Es lassen sich (quantitativ) weitere Kataloge einrichten und mehrere Kataloge nach regionalen oder inhaltlichen Gesichtspunkten verbinden und zusammenfassen. Die Grundprinzipien dieses Szenarios lassen sich aber genauso auf andere Bereiche wie Schulen, Ämter bis hin zu privaten Interessenverbänden übertragen.

Aus organisatorischer und technischer Sicht kommen dispositive Aspekte – wie in der Logistik-Support-Börse z.T. bereits vorgesehen – hinzu. Hierzu zählt beispielsweise der Nachweis und die Verwaltung von Heimplätzen oder Zivildienstleistenden. Von den sozialen Einrichtungen wurde vorgeschlagen, diesen Nachweis mit Hilfe von (halb)automatischen Telefonieverfahren – wie sie beispielsweise in Verbindung mit dem Tele-Care-Assistent entwickelt wurden – durch die Heime selbst durchführen zu lassen.

Generell wird davon ausgegangen, daß die Netze nicht nur dem Zweck der Informationsbereitstellung sondern vorwiegend auch der Effektivierung und Beschleunigung von Verwaltungsvorgängen dienen sollen. Ein elektronischer Katalog von Formularen (Masken) zur Unterstützung solcher Abläufe kann hier unschätzbare Dienste leisten. Wenn auch aus Sicherheits- und Vertraulichkeits-Überlegungen heraus die Akzeptanz für ein solches System möglicherweise noch gering ist, so kann es heute schon zur Vorbereitung diverser Vorgänge (z.B. „Downloaden" von Antragsvordrucken) sehr hilfreich sein.

Durch konsequente Anwendung verfügbarer Techniken sollen Nutzen und Bedienkomfort des Systems erhöht werden:

- *Einfachere und bequemere Verwaltung von Katalogen:* Zu der Kunden- und Autorenumgebung kommt eine „Katalogverwalter"-Umgebung hinzu, die von den sozialen Einrichtungen ohne technische Detailkenntnisse zur Verwaltung von Katalogen genutzt werden kann.
- *Maskengestützte dynamische Erstellung einheitlicher Dokumente:* Zur einheitlichen Gestaltung und Darstellung von Informationen werden mit Hilfe von Dokumentenvorlagen Gestaltungsprinzipien einmal definiert und danach automatisch umgesetzt, so daß sich die Autoren auf die Erfassung der Inhalte konzentrieren können.

Das IITB hat diverse Modelle vorgeschlagen, um einen kostendeckenden Weiterbetrieb der Informationsbörse über die Laufzeit von COBRA-3 hinaus zu sichern. Die bisherige Resonanz seitens aller Beteiligten stimmen uns jedenfalls zuversichtlich, daß die Intranet-basierten Informationsbörsen eine Idee sind, deren Zeit gekommen ist.

3.1.5 Telecare : Telematik für das soziale Umfeld

Dipl.-Inform. Gottfried Bonn
Fraunhofer-Institut für Informations- und Datenverarbeitung, IITB

Senioren, Behinderte und auch Pflegebedürftige fühlen sich in den eigenen vier Wänden am wohlsten. Unter der Bezeichnung *Telecare* hat das IITB die Aufgabe aufgegriffen, wie man heute verfügbare Informations- und Kommunikationstechnologie für Betreuungsaufgaben nutzen kann, um den Betreuten möglichst lange den Verbleib in der gewünschten Umgebung zu ermöglichen und die Betreuer in ihren Aufgabenbereichen zu unterstützen.

Im Bereich *Telemonitoring* wurden einige Kernkomponenten dieser Technologie entwickelt und integriert, eine Erprobung wird in ausgewählten Haushalten zusammen mit einem Träger *mobiler sozialer Dienste* stattfinden. Die Kernkomponenten wurden durch technische Optionen ergänzt und sind als Prototyp unter der Bezeichnung *Telecare Assistent* (TCA) verfügbar. Das IITB wird diesen TCA-Baukasten weiter ausbauen.

Anwendungsbereiche und Dienstleister

Abbildung 3.1.13 zeigt die beteiligten Bereiche, den Haus- oder Wohnungsbereich der betreuten Personen (Home-Bereich), der über Telekommunikation mit dem Bereich der Betreuer verbunden ist (Care-Bereich).

Schwerpunkt der Aktivitäten bildet die Anwendung Hausnotruf, die weiteren dunkel schattierten Anwendungen werden zusätzlich unterstützt, weitere Anwendungsfelder werden hinzukommen. Eine grobe Illustration der Anwendungsbereiche wird im weiteren Beitrag anhand der Beschreibung der

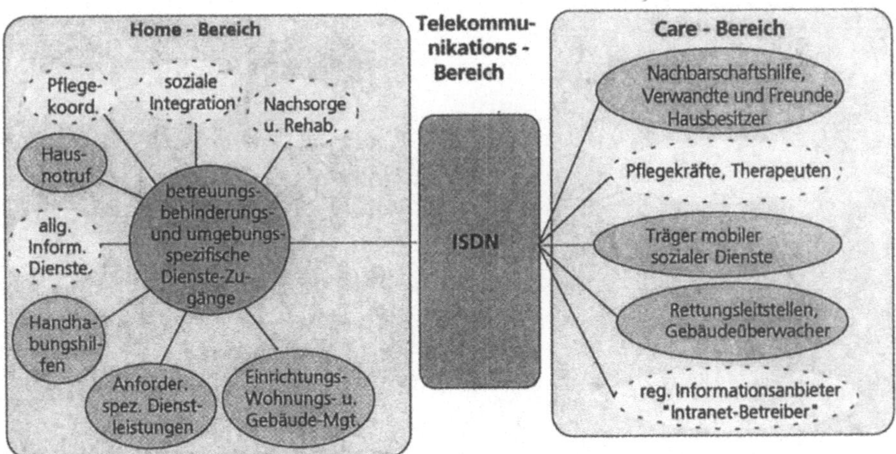

Abb. 3.1.13 Anwendungsbereiche und Dienstleister

Zugangskomponenten erfolgen. Die Anwendungsbereiche sind nicht vollständig unabhängig zu sehen, so kann z.B. der Hausnotruf auch als Funktion des Wohnungsmanagements genutzt werden.

Auf der Betreuungsseite ist ein ganzes Spektrum möglicher Akteure zu unterscheiden, von Privatpersonen in der Nachbarschaftshilfe bis hin zu gemeinnützigen und privaten Dienstleistern. Dieser Dienstleistungssektor wird allgemein als wichtiger Wachstumsmarkt der Zukunft gesehen.

Als Telekommunikationsinfrastruktur wurde ISDN gewählt, um ein möglichst breites Dienstespektrum (auch Bewegtbildübertragung) nutzen zu können.

Der Telecare Assistent TCA

Die Abbildung 3.1.14 zeigt die wichtigsten Kategorien der beteiligten Komponenten. Im Hausbereich müssen *umgebungs-, betreuungs- und behinderungsgerechte* Dienstleistungszugänge durch entsprechende Sensorik und Aktorik, aber auch durch Audio-, Video- und sonstige Peripherie bereitgestellt werden. Alle Dienstzugänge sind mit dem zentralen Hausgerät, dem Telecare Assistenten verbunden. Der TCA ist in der Wohnung der betreuten Person installiert und leistet neben Datenerfassung und -verarbeitung auch Unterstützung für Verbindung und Kommunikation mit den Betreuern. Der Telecare Assistent nutzt die entsprechenden Telekommunikationsdienste und die verfügbaren Dienstübergänge zur Verbindung mit den Betreuern. Dort sind Endgeräte wie Pager, Telefon oder computerbasierte Leitsysteme zu unterstützen.

Auch auf der Hausseite ist das Telefon ein wichtiges Endgerät und kann insbesondere für die Notruf-basierten Anwendungen, die Freisprechen mit der betreuten Person erfordern, funktional und technisch integriert werden.

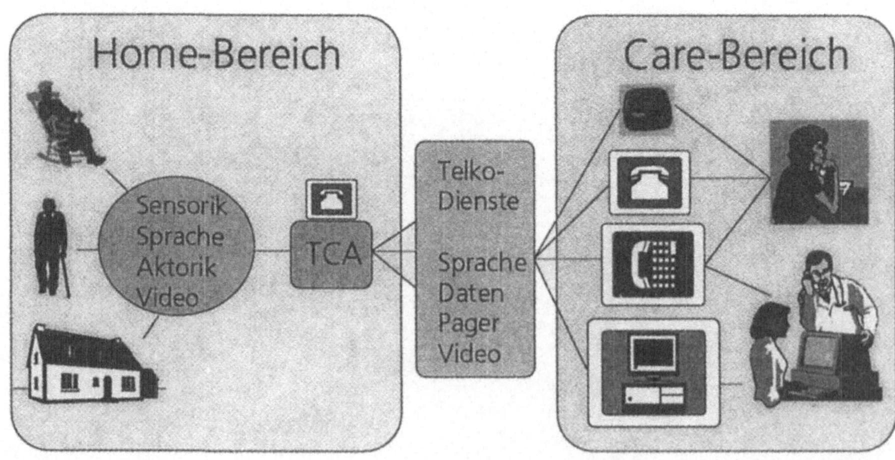

Abb. 3.1.14 Übersicht Dienste und Komponenten

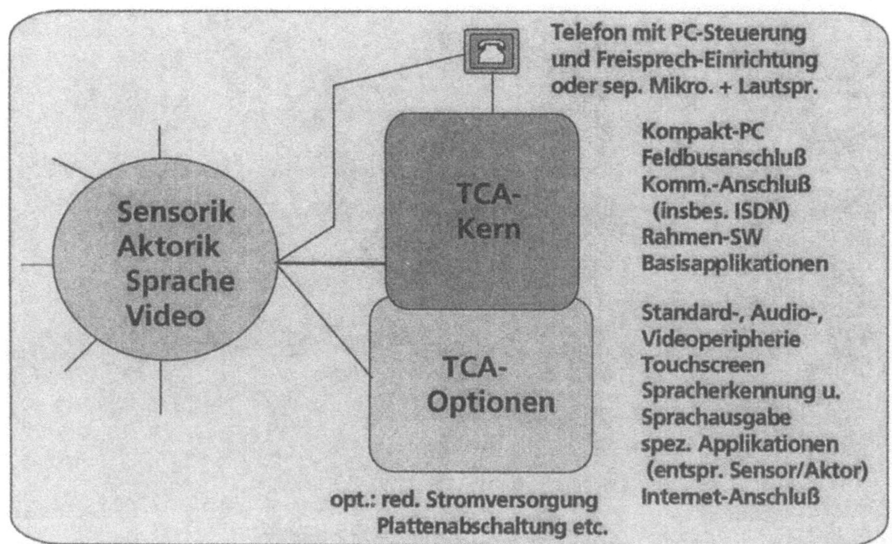

Abb. 3.1.15 Kernkomponenten und Optionen

TCA-Kern und -Optionen

Die angestrebte Funktionsvielfalt des TCA-Baukastens führte zur Entscheidung, PC-Technologie für das zentrale Hausgerät zu wählen. Sie ist kostengünstig in Kompaktbauweise (bis hin zur Ausführung als Industrie-PC) verfügbar. Für die Grundfunktionen (Notruf-Szenarien, Handhabungshilfen, Gebäudemanagement) werden weder Bildschirm noch Tastatur benötigt, das PC-Kompaktgerät kann nach der Installation auch über das Telefonnetz konfiguriert werden.

Zu den Kernkomponenten gehören Anschluß an das Telefonnetz und Anschluß an Gebäudebussysteme. Hierfür wurde spezielle Interface-Software entwickelt, die komfortable und einfach zu benutzende Schnittstellen bereitstellt sowie weitgehende Technologie-Unabhängigkeit gewährleistet und damit z.B. die Unterstützung unterschiedlicher Feldbussysteme erleichtert.

Das zum TCA-Kern gehörende Rahmenprogramm steuert den globalen Programmablauf und erleichtert das Einbinden von *Anwendungen*, wie Basisapplikationen (Alarmmodul, Selbsttest) oder Anwendungen, die je nach gewünschter Funktionalität oder Ausstattung benötigt werden.

Für den prototypischen Aufbau wurde ein Beistelltelefon mit Freisprecheinrichtung integriert, das über eine V24-Schnittstelle für alle benötigten Funktionen auch vom TCA gesteuert werden kann.

TCA-Zugangskomponenten

Abbildung 3.1.16 gibt einen Überblick über mögliche TCA Zugangskomponenten und deren Zuordnung zu den verschiedenen Nutzungsszenarien. Für Not- und Diensterufe, für Einrichtungs-, Wohnungs- und Gebäudemanagement sowie für die Bereitstellung von Handhabungshilfen ist ein breites Spek-

Abb. 3.1.16 Illustration möglicher TCA-Zugangskomponenten

trum an Sensoren und Aktoren sinnvoll einsetzbar. Aus diesem Grund wurde der TCA für den Anschluß von Gebäudebussystemen ausgelegt. Gebäudebusse finden immer stärkere Verbreitung und bieten in der Regel auch eine breite Palette an fertigen Sensoren und Aktoren, die zusammen mit speziellen Anwendungen integrierbar sind.

Durch Verwendung von Funk- oder Powerline-Übertragungstechnik entfällt bei der umgebungsspezifischen Ausstattung von Haushalten auch das nachträgliche Einziehen von Kabeln (Twisted Pair Technik).

Die „nicht-technischen" Anwendungen, wie die Bereitstellung von Informationsdiensten im sozialen Umfeld (siehe Beitrag „Informationsbörsen für Senioren und Behinderte") oder die Unterstützung der Rehabilitation, z.B. durch entsprechende Trainingsprogramme, erfordern Standardperipherie, die aber auch behinderungskompensierend ausgelegt werden kann (Sprachsteuerung, spezielle taktile Eingabegeräte).

Das Funktionsspektrum der eingangs erwähnten Anwendungsbereiche ist sehr vielfältig und soll hier exemplarisch am Beispiel der Anwendung *Notruf* illustriert werden :

Die betreute Person löst aktiv (z.B. über Funkfinger) oder passiv (z.B. durch Sturzmelder oder integrierte Umgebungssensorik mit entsprechenden eingelernten Verhaltensalgorithmen) einen Notruf aus. Zur Verminderung der (in der Praxis auftretenden) Fehlalarme kann optional eine lokale, d.h. im betreuten Haushalt getätigte Bestätigung konfiguriert werden. Der Alarm wird zu Betreuern weitergeleitet (z.B. zu professionellen Rettungsdienstanbietern mit Leitsystem oder Nachbarn mit Telefon). Die Anwahl der Betreuer muß selbsttätig und alternativ erfolgen, möglichst prioritierbar sowie kalender- und tageszeitspezifisch planbar sein. Nach Erreichen eines Notfallhelfers muß dieser über eine Quittierung die Ruf-Automatik beenden und eine Freisprechverbindung zur betreuten Person aufbauen. Je nach Notfalltyp und anzutreffender Situation sind entsprechende Alarmpläne auszuführen (Beruhigung des Rufenden, Alarmierung von Rettungsdiensten etc.).

Das potentielle Notruf-Funktionsspektrum des TCA geht weit über das konventioneller Hausnotrufgeräte hinaus, insbesondere bezüglich anschließbarer Sensorik zur passiven Notfalldetektion, lokale Rückfrage, Anzahl und Scheduling alternativer Rufnummern, selektierbare Übertragungsinformation, Pager-Integration, Hausgeräte-Überwachung, Video-Hausnotruf und vieles mehr.

Diese Funktionen und auch die weiteren TCA-Anwendungsszenarien wurden in Zusammenarbeit mit verschiedenen sozialen Dienstleistern (Arbeiterwohlfahrt, Arbeiter-Samariter-Bund) und auch privaten Rettungsdienstanbietern diskutiert und teilweise auch von diesen aus der praktischen Erfahrung heraus angeregt.

Konfiguration für Notrufszenarien und Handhabungshilfen

Für den Prototypen wurde die LON-Gebäudebustechnologie der Fa. Echelon gewählt, andere Technologien wären integrierbar. Es stehen verschiedene Funkfinger (auch über gesichertes LON-Protokoll mit Batterieüberwachung und Ausgabemöglichkeit) und Ruftasten bereit, die über das 433 MHz ISM-Band betrieben werden. Diese Funktaster können auch zur Steuerung von Einrichtungsgegenständen benutzt werden. Der Versuchsaufbau enthält auch ein Spracherkennungssystem, an das verschiedene Anwendungen angebunden sind. So kann per Sprachkommando bei Anruf das Telefon abgenommen werden („der zeitliche Streß bei Anrufentgegennahme ist häufige Sturzursache"), es können aber auch allen sonstigen Telefonfunktionen Sprachkommandos zugeordnet werden. Als Beispiel für eine Gerätesteuerung ist eine dimmbare Steckdose im Versuchsaufbau enthalten, die z.B. auf die

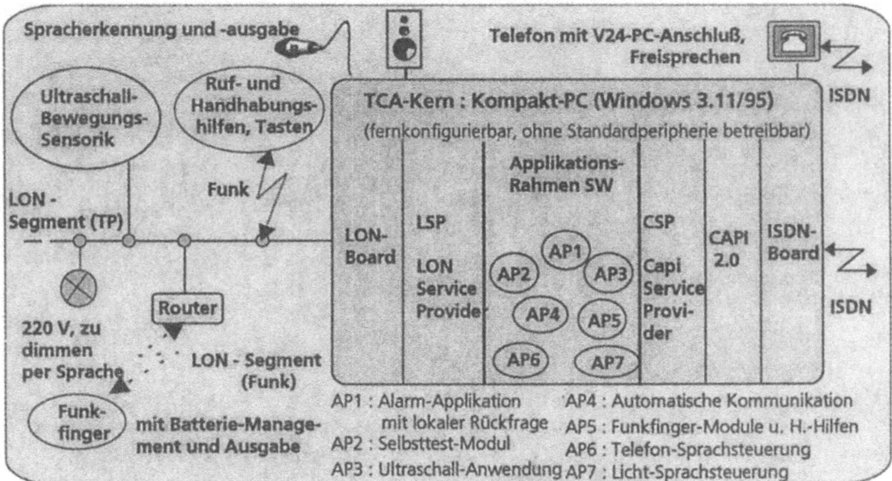

Abb. 3.1.17 Testaufbau für Notruf und Handhabungshilfen

Kommandos *einschalten, ausschalten, heller, dunkler* und *stop* reagiert. Für die Erprobung dieser innovativen Funktionen sind auch Sprach-Kontrollausgaben über Soundboard und Lautsprecher konfiguriert.
Das Fraunhofer-Institut für Biomedizinische Technik, IBMT hat eine passive Notfalldetektion auf der Basis von Ultraschall entwickelt, die auch über Gebäudebustechnik in den TCA mit den zugehörigen Anwendungsprogrammen integriert ist. Dabei wird der zu überwachende Raum über mehrere Ultraschallsensoren mit Impulsen beschallt. Falls sich irgend etwas im Raum bewegt, verändern sich die reflektierten Signale. Die Änderung wird detektiert und ausgewertet. Ein Problem besteht in der Differenzierung zwischen Störungen (z.B. durch Luftzug) und realen Bewegungen. Zur Lösung dieser Problematik verwendet die Signalanalyse einen „dynamic time warp"-Algorithmus, der zwischen „transienten" Hintergrundeffekten und Wirkeffekten unterscheiden hilft.

Die wohnungsseitige Instrumentierung wird zusammen mit den anderen TCA-Komponenten ständig durch Selbsttest-Mechanismen auf Funktionsfähigkeit überprüft.

Telekommunikationsseitig ist der TCA über eine entsprechende Anschaltung und die standardisierte Programmierschnittstelle CAPI 2.0 mit ISDN verbunden. Das entwickelte CSP-Interface stellt dabei den Anwendungsprogrammen eine mächtige Funktionsschnittstelle bereit und verbirgt die Komplexität der CAPI-Benutzung.

Das Programmodul *„Automatische Kommunikation"* ist zentraler Funktionsbaustein für die Gebäude- oder Personen-spezifischen Notfall-Szenarien. Er verwaltet für jede Alarmursache prioritätsgeordnete (Telefonanschluß-) Listen von Care-Dienstleistern, die in Notfällen zu benachrichtigen sind. Diese Care-Listen können auch Tageszeit- oder Wochentag-spezifisch konfiguriert

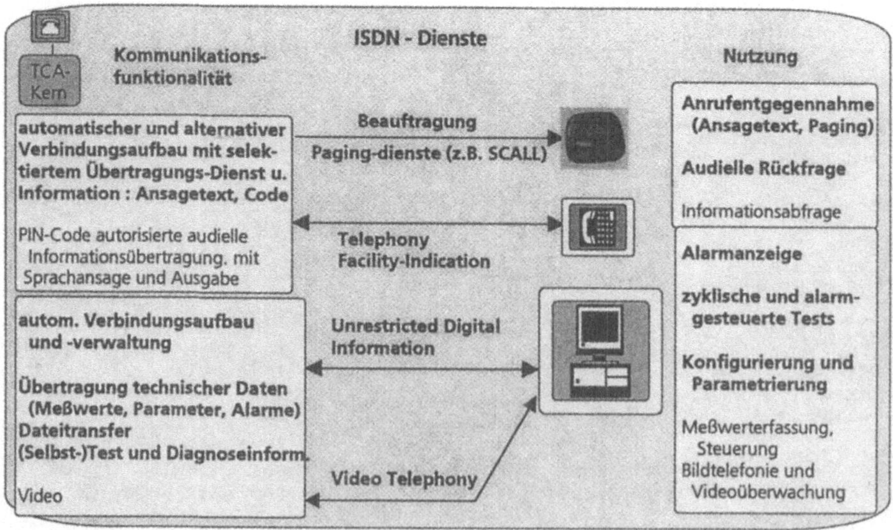

Abb. 3.1.18 ISDN-Nutzungsprofil

sowie flexibel mit verschiedenen Zeitüberwachungs-Parametern verbunden werden. Zu jedem Eintrag in der Care-Liste gehört weiter der zugehörige Dienst und die Meldeinformation (Sprachansage, technische Daten, Pager-Codes) sowie der erwartete Quittierungsmechanismus (explizite Quittierung durch Personal am Leitsystem oder Betätigen von Telefontastencodes (DTMF-Funktionalität)). Im Alarmfall wird dann gesteuert durch die Care-Listen eine Verbindung zu Betreuern aufgebaut und je nach Alarmursache der Aufbau einer Freisprechverbindung ermöglicht.

ISDN-Nutzungsprofil

Abbildung 3.1.18 illustriert die TCA-Nutzung der ISDN-Dienste *Telephony, Unrestricted Digital Information, Video-Telephony* und *Facility-Indication* (für DTMF-gesteuerte Informationsabfrage). Die integrierten Dienstübergänge der Telekom (ISDN-Funk, ISDN-Analog) erweitern das Endgeräte-Spektrum der Care-Seite, Paging-Dienste wie City-Ruf erfordern TCA-seitig entsprechende Protokollanwendungen. Für den Telekom-Pager SCALL wurde diese Anwendung erstellt und integriert.

Care-Bereich für Notruf und Gebäudeüberwachung

Für den Care-Bereich wurde neben der Einbindung handelsüblicher Endgeräte (Telefon) auf PC-Basis ein einfaches Leitsystem mit graphischer Benutzeroberfläche entwickelt. Es verwaltet alle notwendigen Informationen zu Personen und Einrichtungen sowie die im Notfall auszuführenden Alarmpläne.

Neben der Darstellung von Alarmen ist auch der Zugriff auf TCA-seitig vorhandene Gebäudegrößen und die Fernkonfigurierung des TCA möglich.

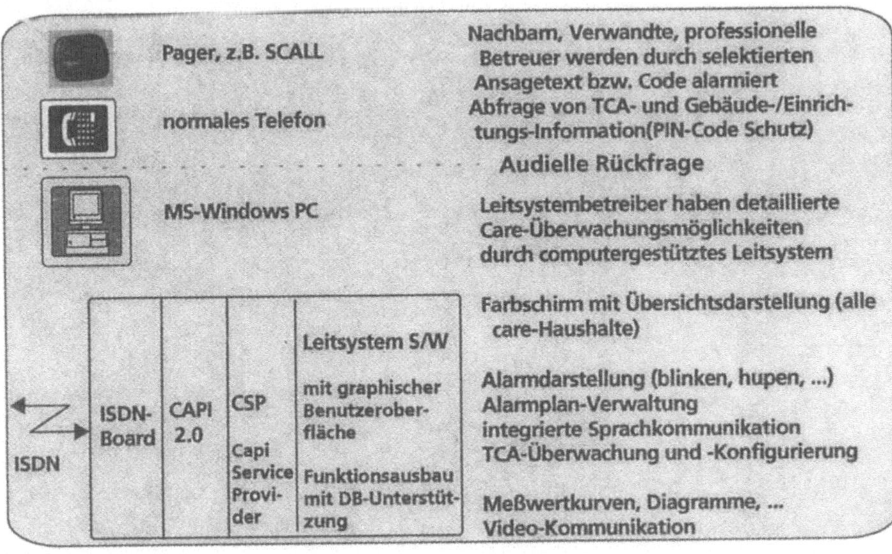

Abb. 3.1.19 Care-Bereich für Notruf und Gebäudeüberwachung

Darüber hinaus kann auch die Funktionsfähigkeit der Telekommunikationsanbindung betreuter Haushalte durch zyklisch oder explizit aufzurufende Tests (Verbindungsaufbau) konfiguriert werden.

Zusammenfassung und Ausblick

Ziel der Telecare-Entwicklungen im IITB ist die Integration, Erprobung und Nutzung heute verfügbarer Informations- und Kommunikationstechnologie für das soziale Umfeld.

Der TCA-Baukasten ist für die eingangs erwähnten Kernanwendungsbereiche prototypisch verfügbar und wurde auf der diesjährigen REHAB-Messe in Karlsruhe vorgestellt. Eine Erprobung von Teilfunktionen in ausgewählten Haushalten ist vorgesehen. Das IITB plant den weiteren Ausbau durch Hardware- und Softwareintegration von funktional bzw. technisch innovativen Komponenten. Insbesondere in der Gebäudetechnik, aber auch im PC- und Telekommunikationsbereich werden zunehmend kostengünstige Bausteine verfügbar, die Telematikanwendungen für das soziale Umfeld bereichern und die angepaßte Konfigurierung und den Einsatz umgebungs-, behinderungs- und betreuungsspezifischer Assistenzsysteme ermöglichen.

3.2 Medizintechnik

Dr.-Ing. Volker Paul
Fraunhofer-Institut für Biomedizinische Technik, IBMT

In der täglichen Routine medizinischer Praxen wie auch anderer Einrichtungen fallen eine Vielzahl von Kommunikationsvorgängen an. So ist das Grundanliegen des Szenarios Medizintechnik, ein Kommunikationssystem zum elektronischen Informationsaustausch von niedergelassenen Ärzten untereinander, aber auch mit Fachärzten, Labors, Kliniken und Spezialeinrichtungen zu realisieren, wobei bestimmte Abläufe der täglichen Praxisroutine durch ein geeignetes Modell nachzubilden sind. Dieses Modell gestattet es, die mit solchen Vorgängen verbundenen Informationsprozesse halbautomatisch zu unterstützen. Die Kommunikationsabläufe stehen nicht isoliert neben den Praxisprogrammen, sondern werden aus der normalen Arbeitsumgebung des Arztes bedient und gesteuert.

Die Erweiterung der klassischen Informationen (z.B. im Falle einer Überweisung) um ergänzende Dokumente wie Teile der Patientenakte, Bilder (Röntgen-, Computer-Tomograph- (CT), Magneto-Resonanz- (MR), Ultraschallbilder), Labordaten usw., also die Integration heute üblicher medizinischer Modalitäten in die bisher rein textorientierten Dokumente, stellt einen weiteren Schwerpunkt des Szenarios dar.

3.2.1 Telekommunikation in der Medizin

Bereits heute existiert eine Anzahl von unterschiedlichsten Lösungen für Kommunikationssysteme zwischen niedergelassenen Ärzten, Fachärzten, Krankenhäusern und Kassenärztlichen Vereinigungen.

Kartensysteme

Magnetische Karten und optische Karten oder Kombinationen von beiden erlauben, umfangreiche Informationen aus der Patientenakte (Stammdaten, Befunde, Bilder, etc.) zu kommunizieren, indem der Patient diese durch die Karte von Praxis zu Praxis transferiert. Unterschiedliche Ebenen von Zugriffsrechten sollen den Zugriff dabei fachgruppenspezifisch kontrollieren und einschränken.

Zentrale Datenhaltung bei einem Service-Provider

In diesem Ansatz wird eine zentrale Verwaltung aller Informationen zu einem Patienten in Zusammenarbeit mit einem Service-Provider angestrebt. Dabei ist es von untergeordneter Bedeutung, ob nur Verweise auf einzelne Informationen und/oder die Gesamtheit der Informationen physikalisch beim Service-Provider abgelegt wird, wodurch sich eine globale Sicht auf die Krankenakte des Patienten ergibt.

Lokale und regionale Kommunikationsdienste

Einige Hersteller von Praxiscomputersystemen bieten als Erweiterung zu ihrem Praxiscomputersystem Kommunikationsmodule mit den unterschiedlichsten Funktionen an. Sei es, daß der Arzt online über eine Standleitung von zu Hause auf den Datenbestand in seiner Praxis zum Datenabgleich bei Hausbesuchen zugreifen kann oder, daß die Abrechnung bei den Kassenärztlichen Vereinigungen (KVen) am Quartalsende per Datenfernübertragung (DFÜ) mit diesen Modulen abgewickelt wird.

Eine weitere nützliche Funktion der Kommunikationsmodule zeigt das Programm INA-Base der Firma MCS. Die dort beteiligten MCS-Anwender sammeln Praxisdaten und geben diese an eine Zentrale weiter, wo sie anonymisiert und aggretiert werden. Die Ergebnisse, wie z.B.

- die detaillierte Patientenstruktur mit Altersübersicht,
- eine Aufgliederung nach Scheinarten,
- die Auflistung des Medikamentenverbrauchs sowie
- Fallzahl, Fallwerte in Punkten im laufenden Quartal,

aufgeteilt nach Fachgruppen, erhalten die Teilnehmer zugeschickt. Somit können sie Fehlentwicklungen in ihrer Praxis frühzeitig erkennen und beheben.

Online-Dienste

Im Zeitalter des Internets breiten sich auch die Online-Dienste und -Angebote im Bereich der Medizin und des Gesundheitswesen aus. Im Unterschied zu den breit angelegten Publikumsdiensten American OnLine (AOL) und Europe Online konzentrieren sich Health Online sowie die Springer/Bertelsmann Gesundheitsgesellschaft ganz auf den Gesundheitssektor, wobei letztere die Dienste „Lifeline" für den Consumer und „Multimedica" für den professionellen Nutzer aufbauen will.

Auch T-Online erweiterte sein Informationsangebot durch „medicine online" mit Beiträgen aus den Bereichen Ernährung, Fitneß und Reisemedizin sowie Anschriften von Selbsthilfegruppen und deren Ansprechpartnern. Von hohem Interesse ist der ärztliche Gedankenaustausch per Email.

Seit Anfang des Jahres bietet die Kassenärztliche Bundesvereinigung einen umfangreichen, kostenlosen EDV-Service auf Basis des ISDN-Netzes an: DIS-KBV. Hiermit wird den Ärzten der Zugriff auf Rechtsquellen, Bekanntmachungen und Veröffentlichungen der Kassenärztlichen Bundesvereinigung (KBV) und der KVen sowie auf Presse- und Literaturauswertungen ermöglicht. Es stehen derzeit zwei Zugangsmöglichkeiten zu Verfügung:

- Vertragsärzte können über die KBV die DIS-Arzt-Applikation beziehen und auf ihren PC installieren, oder
- über einen WWW-Browser auf den WWW-Server der KBV zugreifen.

Ein großer Teil der Telekommunikationsanwendungen in der ärztlichen Praxis steht einerseits in sehr enger Verbindung zum eingesetzten Praxiscomputersystem und kann nur mit einem gleichen System kommunizieren, oder ist andererseits völlig losgelöst von selbigem und besitzt somit keine Möglichkeit auf relevante Daten aus der Datenbank des Praxiscomputersystems zuzugreifen.

3.2.2 Medizintechnik in COBRA-3

Zielsetzung der COBRA-3 Medizintechnik ist es, die bisherige Praxis der Kommunikation durch die Einführung von digitaler Kommunikation zu vereinfachen, zu beschleunigen und in ihrer Funktionalität zu erweitern ohne den Arbeitsablauf drastisch zu verändern oder umfassende Bedingungen an die eingesetzte Hardware (bereits getätigte Investitionen) zu stellen. Der in COBRA bereitgestellte Kommunikationsserver zur Kopplung zwischen einem Praxiscomputersystem und dem Netz (EURO-ISDN) erlaubt:

- gezielte Datenbereitstellung in Absprache zwischen Patient und Arzt für den jeweiligen Vorgang (Überweisung, Urlaubsvertretung usw.)
- Anbindung an beliebige Praxiscomputersysteme über eine genormte Schnittstelle (BDT, „remote procedure calls")
- „Firewall" Funktion zum Schutz des Praxiscomputersystems vor Zugriff über das Kommunikationsmedium.

Dieser in COBRA Szenario Medizintechnik gewählte Ansatz ist in den Gesprächen mit den führenden Herstellern der Praxiscomputersysteme (den größten 12 Anbietern), die ca. 80% des Marktes vertreten, stets positiv beurteilt worden. Die Vorstellung des Systems bei den Landes-KVen bzw. der Bundes KV führte zu dem gleichen Ergebnis.

Im Unterschied zu bisher existierenden experimentellen Kommunikationssystemen für medizinische Aufgaben basiert die im folgenden beschriebene Realisierung auf einer kostengünstigen ISDN-S_0-Verbindung, die auch von der technischen und finanziellen Realisierbarkeit keine Probleme mit sich bringt. Dabei wird sowohl EURO-ISDN (DSS1-Protokoll) als auch das deutsche ISDN (1TR6-Protokoll) unterstützt, was eine flächendeckende Einsetzbarkeit des Systems garantiert.

Zwar wurden ISDN-Verbindungen für medizinische Kommunikationsaufgaben versuchsweise ebenfalls schon genutzt, eine teilautomatisierte Unterstützung von praxistypischen Abläufen wie im vorliegenden Ansatz wurden dabei jedoch bisher nicht realisiert.

Das vorliegende Projekt geht deshalb davon aus, möglichst mehrere kommerzielle Praxiscomputeranbieter in die Entwicklung einzubeziehen, um eine entsprechende Marktrelevanz zu erreichen. Nur durch Einbeziehung derartiger Firmen und Bereitstellung der entsprechenden Schnittstellen zu den Systemen dieser Anbieter kann der angestrebte Rationalisierungseffekt und damit eine tatsächliche Einsparung von Zeit und Kosten erzielt werden.

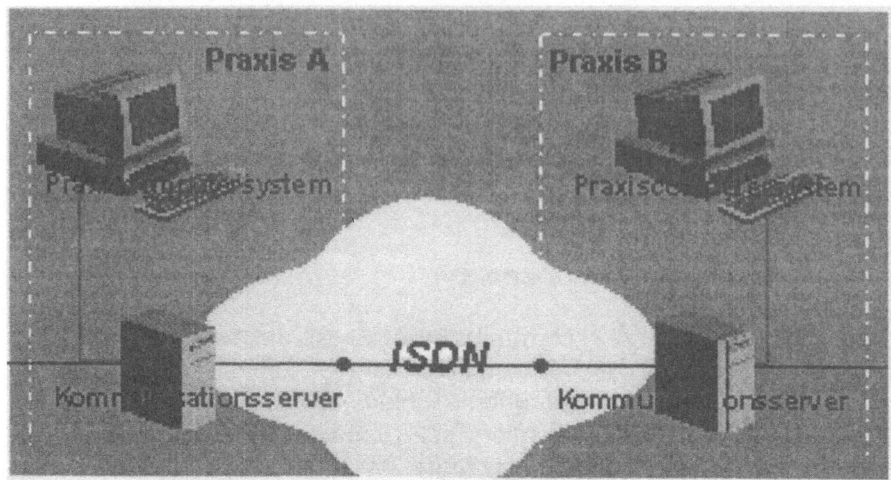

Abb. 3.2.1 Architektur des erweiterten Praxiscomputersystems

Die prinzipielle Struktur des erweiterten Praxiscomputersystems zeigt Abb. 3.2.1. Dabei kann das zugrundeliegende Praxiscomputersystem sowohl als Einzelplatz- wie auch als Mehrplatzsystem konfiguriert sein. Auch bei Einzelplatzsystemen ist jedoch die Netzwerk- Hard- und -Software Voraussetzung für die Ankopplung des Kommunikationsservers. Bei Mehrplatzsystemen ist die Netzwerktauglichkeit ohnehin gegeben.

Um das eigentliche Praxissystem weiter in der gewohnten Betriebsart (Einschaltzeit = Arbeitszeit der Praxis) betreiben zu können, aber auch aus Anforderungsgründen an die Kommunikationsmodule (Transparenz, Zugriffssicherheit, Multitaskingfähigkeit etc.) wird ein separater Kommunikationsserver installiert, der zum einen unabhängig von den anderen Arbeitsplätzen ständig laufen muß, wegen der Verfügbarkeit der Daten und der Mailbox, und zum anderen als leistungsfähiges Archiv für die neuen und oft sehr speicherplatzaufwendigen zusätzlichen Datenmodalitäten dient. Die Schnittstelle zum eigentlichen Praxissystem ist eine typische Client-Server-Schnittstelle, wobei der Datenbank-Client den Zugriff auf das Archiv ermöglicht und in die Arbeitsplatzsoftware geeignet integriert wird. Der Kommunikationsserver bildet das Interface zwischen Praxissystem und dem ISDN-Netz und damit die Schnittstelle zu den anderen Kommunikationsservern in den anderen Praxen.

Mit Hilfe des Kommunikationssystems besteht nun die Möglichkeit, den Austausch von Informationen zwischen den beteiligten Ärzten einerseits zu automatisieren und somit effektiver zu gestalten, andererseits aber auch mit neuen Informationen anzureichern.

3.2.3 Realisierung des Kommunikationssystems

Das System beruht auf einem hard- und softwaremäßig eigenständigen Kommunikationsserver und einem Paket von Softwarekomponenten für das Praxiscomputersystem. Die einzusetzenden Tools wurden unter Kostenaspekten aus dem kostengünstigen PC-Markt sowie aus dem public-domain-Software-Bereich ausgewählt. Der Kommunikationsserver selbst basiert auf einem PC in Minimalkonfiguration und wird im Dauerbetrieb betrieben.

Das gesamte Kommunikationssystem ist modular aus verfügbaren Softwareprodukten und aus dazwischengeschalteten Interaktionsmodulen aufgebaut. Abb. 3.2.2 zeigt die Struktur des Systems und seiner Module.

Kommunikationsserver

Zur Interaktion zwischen den integrierten Modulen im *Kommunikationsserver* wurden einige angepaßte Tools implementiert:

- RPC-Server – Interpretation und Bearbeitung der RPC's (Remote Procedure Call) vom Praxiscomputersystem; Auslösung der entsprechenden Aktivitäten (Aufbau der Datenbankanfragen (Queries), Interaktion mit dem DB-Client und dem Filesystem)
- Datenbank-Client für RPC-Server – realisiert den Zugriff auf die Datenbank (DB) und die referenzierten Daten vom Praxiscomputersystem
- Datenbank-Client für externen Zugriff – realisiert die Interaktionen zwischen Mailer/Zugriffsmanager und der Datenbank bzw. den referenzierten Daten
- *Zugriffsmanager* – organisiert den Ablauf einer Datenanforderung oder die Bereitstellung der Daten im Kommunikationszyklus mit einer anderen Praxis

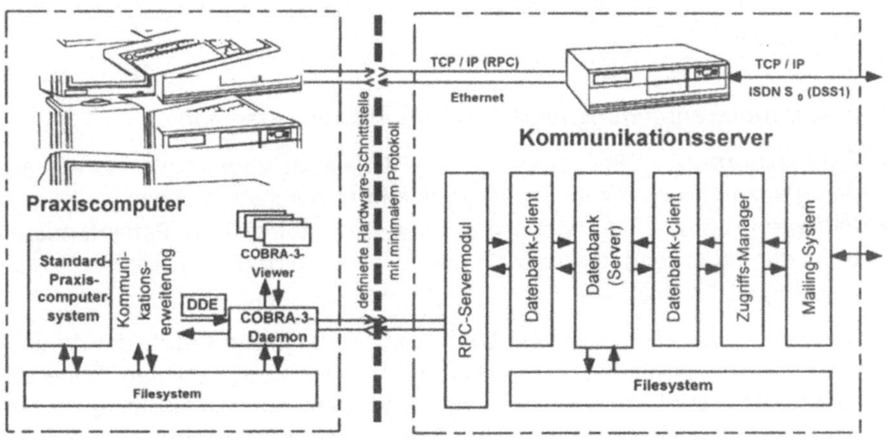

Abb. 3.2.2 Aufbau der Hard- und Softwarekomponenten des Gesamtsystems

Außerdem wurde die eingesetzte Datenbank entsprechend den Anforderungen konfiguriert und geeignete retrieval-Mechanismen für den Zugriff auf die in der Datenbank referenzierten Datenobjekte integriert.

Da über das Kommunikationssystem ein vollständiges Protokoll zwischen Praxiscomputersystem und dem Kommunikationsserver abgewickelt werden muß, wurde auch auf der Seite des Praxissystems eine Modifikation in der Software notwendig.

Softwareerweiterungen auf der Seite des Praxiscomputersystems

Neben der Bereitstellung geeigneter Bedienfunktionen innerhalb des bekannten Look-and-feel des Systems mußte ein spezieller Dämon bereitgestellt werden, der vom Praxiscomputersystem über eine DDE-Schnittstelle (Dynamic Data Exchange) angesprochen wird. Der Datenaustausch selbst erfolgt dateibasiert. Mit dem DDE-Kommando werden nur Informationen zur Synchronisation zwischen Praxiscomputersystem und *COBRA-Daemon* ausgetauscht. Durch die Beschränkung auf eine sehr einfache Struktur der DDE-Kommandos ist eine weitestgehende Portabilität auch der Module auf andere Praxissysteme gegeben.

Zur Interaktion zwischen dem Praxiscomputersystem und dem Kommunikationsserver mußten sowohl von Seiten COBRA als auch von Seiten der Praxiscomputerfirma Koppelmodule bereitgestellt werden:

COBRA-Anbindung an den Kommunikationsserver

- *Image-Viewer* – Visualisierung von medizinischen Daten aus dem internationalen DICOM 3.0-Standardformat
- *BDT-Viewer* – Visualisierung von BDT-Datensätzen (Behandlungsdatenträger), insbesondere zur Kontrolle exportierter Informationen
- *Kommunikations-Daemon* – Interaktive und halbautomatische Organisation des Kommunikationsablaufes einschließlich Generierung der RPC's zum Server

Praxiscomputeranbindung an den Kommunikationsdaemon

- *Datenexporttool* – Bereitstellung von BDT-gerechten Informationen aus dem Patientenrecord zum Export an den Kommunikationsserver
- *Patientenrecord* – Einbindung der Referenzen auf externe Patientendaten bzw. der Patientendaten selbst in die lokalen Records einschließlich Visualisierung und Interaktion

Im Projekt COBRA-3 wurde eine Lösung realisiert und getestet, die Komponenten zur Unterstützung von Abläufen im oben beschriebenen Sinne mit Komponenten zur eigentlichen Datenkommunikation als Komplettsystem darstellt. Dabei wurde eine dezentrale Serverarchitektur realisiert, die für jede Praxis einen low-cost-PC als Kommunikationsserver und entsprechende Clientsoftware für die eigentliche Praxisrechnertechnik umfaßt.

3.2.4 Ergebnisse der Praxiserprobung

Die Erprobung erfolgte mit Ärzten, die über Erfahrungen im Umgang mit Rechnertechnik verfügen und zum Teil selbst Programmiererfahrung haben. Bei der Erprobung ergaben sich folgende Kernaussagen:

Architektur

Die Notwendigkeit der Installation eines - wenngleich kostengünstigen - zusätzlichen Rechners in jeder beteiligten Praxis wird in der derzeitigen Situation im Gesundheitswesen als nachteilig angesehen. Viele Ärzte verfügen bereits über Kommunikationshardware in Form von Modems oder ISDN-Karten und stehen weiteren Hardwareinvestitionen eher ablehnend gegenüber. Der hohe Grad an Integration in bestehende Software wurde als sehr positiv bewertet.

Funktionalität

Als positiv wurde dem Systemansatz bescheinigt, daß er sich um die Automatisierung tagtäglicher Routineabläufe bemüht und damit zu einem echten Effektivitätsgewinn für den Anwender führt.

Durch das direkte Anstoßen der Kommunikationsabläufe aus den Handlungen heraus, die der Arzt ohnehin selbst an seinem Arbeitsplatz im Zusammenhang mit der Behandlung ausübt, ergeben sich potentielle Entlastungsmöglichkeiten für zusätzliches Personal. Stellvertretend für die täglichen Praxisabläufe in der Erprobung war der Überweisungsfall realisiert.

Performanz

Als verbesserungsbedürftig wurden die Laufzeiteigenschaften des Systems eingeschätzt, insbesondere die Stillstandszeiten des Praxisrechners während der Kommunikationsvorgänge. Hier müssen in der weiteren Entwicklung Abläufe im Hintergrundbetrieb erfolgen, die beim bisherigen Prototyp aus implementierungstechnischen Gründen noch im Polling-Betrieb realisiert sind.

Plattform

Die bisherige Lösung wurde für Windows-Systeme entwickelt und auch nur unter Windows erprobt. Da eine Vielzahl heute noch eingesetzter Praxiscomputersysteme nach wie vor DOS-basiert sind, wurde insbesondere von Praxiscomputerfirmen dringender Bedarf an einer DOS-Realisierung signalisiert. Die Anbindung weiterer Plattformen (UNIX. Macintosh, PC-Prologue) wäre über einen Kommunikationsrechner herzustellen, über den Praxen mit derartigen Systemen teilweise für bestimmte Aufgaben bereits verfügen.

3.2.5 Aktuelle Entwicklungen

Ziel der geplanten Arbeiten ist die Überarbeitung der bisherigen Konzeption zur Modularisierung des Systems und zur Profilierung der Komponenten, die Abläufe und Vorgänge in der Praxis unterstützen. Diese Komponenten sollen soweit modularisiert werden, daß sie weitgehend unabhängig von der verwendeten Technik zum eigentlichen Datentransfer sind. Die Module sollen nach außen auf Standard-Internetdienste wie TCP/IP, FTP und Mailing zurückgreifen und entsprechende Schnittstellen bereitstellen.

Weitere Arbeiten zielen auf die Realisierung eines unterstützenden Systems ab, das die halb- oder vollautomatische Extraktion der notwendigen Begleitinformationen zu den eigentlichen Kommunikationsinhalten realisiert und außerdem die Möglichkeit bietet, diese Kommunikationsvorgänge zum Informationsaustausch dann im Hintergrund anzustoßen. Der erwartete Effekt dieser Erweiterungen liegt in einer Effektivitäts- und damit auch Akzeptanzsteigerung für die nachgeschalteten Kommunikationskomponenten, die ihrerseits den eigentlichen Informationstransfer realisieren.

Hinweise zur Präsentation auf der beiliegenden CD-ROM

Die Präsentation auf der beiliegenden CD-ROM zeigt am Beispiel einer Überweisung den typischen Routineablauf in einer niedergelassenen Praxis, wobei die Überweisung mit Zusatzinformationen zur Anamnese des Patienten und der Befundbrief des Spezialisten zurück zum Hausarzt auf elektronischem Wege zwischen den Praxen durchgeführt wird.

Hierbei ist zu beachten, das fast alle Funktionen zum elektronischen Versand, zum Anfordern der Daten und zur Darstellung der Dokumente am Bildschirm aus der Praxiscomputersoftware des Arztes aktiviert werden. Der Arzt muß somit nur den Umgang mit den neuen Kommunikationsfunktionen erlernen und kann weiterhin mit seiner vertrauten Praxisoftware arbeiten.

Kontaktadresse

Fraunhofer-Institut für Biomedizinische Technik, IBMT
Ensheimer Str. 48
66386 St. Ingbert
Dr.-Ing. Volker Paul
Tel.: 06894/980-300
Fax: 06894/980-400
Email: vpaul@ibmt.fhg.de

3.3 Tele-ASIC

Dr.-Ing. Hans-Josef Ackermann
Fraunhofer-Institut für Graphische Datenverarbeitung, IGD
Dr.-Ing. Rainer Ulrich
Fraunhofer-Institut für Integrierte Schaltungen, IIS

Entwurf und Einsatz von kundenspezifischen integrierten Schaltungen (ASICs) stellen eine Schlüsselkomponente für die Wettbewerbsfähigkeit von Unternehmen in der Elektronikbranche dar. Der Einsatz von ASICs wird in den kommenden Jahren weiter zunehmen, deshalb ist eine Beschleunigung oder Vereinfachung beim Designprozeß von großer Bedeutung.

Tele-ASIC beschreibt den Nutzen des multimedialen Datenaustauschs über Netze im vielfältigen Prozeß der Entwicklung integrierter Schaltungen. Die Basisideen von Tele-ASIC sind:

- Die Bereitstellung von Designumgebung (Software) und Rechnerkapazität als Teledienst.
- Die Unterstützung bei auftretenden Problemen im Designprozeß durch Experten mit Hilfe telekooperativer Arbeitsmethoden.
- Die Beschleunigung des Designprozeß durch elektronische Datenübertragung und Interaktion zwischen den Beteiligten des Designprozeß.

3.3.1 Methodik beim Entwurf von integrierten Schaltungen

Der Siegeszug der Mikroelektronik gilt als die zweite industrielle Revolution. Keine andere Technologie hat das Leben der Menschen in unserem Jahrhundert nachhaltiger geprägt und wird es weiter beeinflussen. Die explodierende Leistungsfähigkeit von Rechnern ist, wenn auch sehr bedeutsam, dabei nur ein Teilaspekt. Subtiler verläuft hingegen die „Unterwanderung" aller Lebensbereiche durch Mikroelektronik. Mikroelektronische Schaltungen mit diversen Steuerungsfunktionen finden sich in nahezu allen elektrischen Geräten von großen Haushaltsgeräten wie Waschmaschinen über die Modelleisenbahn bis zum winzigen digitalen Fieberthermometer. Daß Geräte der Unterhaltungselektronik auch Mikroelektronik enthalten, bedarf keiner Erwähnung. Mikroelektronik ist also eine Schlüssel- und Zukunftstechnologie, der noch immense Wachstumsraten prognostiziert werden.

Um den speziellen Anforderungen an die Elektronik eines bestimmten Produktes gerecht zu werden, werden heute häufig anwenderspezifische integrierte Schaltkreise (ASICs) eingesetzt. Solche Bausteine ersetzen mehrere Standardbausteine oder eine komplette Schaltung und erhöhen so die Zuverlässigkeit des Produktes, verringern bei größeren Stückzahlen die Teilekosten oder ermöglichen erst durch die Integration komplexer Funktionen eine bestimmte Funktionalität. Solche Gesichtspunkte entscheiden bei der Entwicklung elektronischer Schaltungen neben dem Einsatz von Prozessoren häufig zugunsten eines VLSI-Entwurfs (Entwurf hochintegrierter Schaltungen).

Bei den digitalen Schaltungen, die den größten Teil ausmachen, existieren zwei grundsätzliche Möglichkeiten für die Realisierung eines ASICs. Die erste Möglichkeit ist der Einsatz einer programmierbaren Logikschaltung. Die einzelnen Familien dieser Gattung unterscheiden sich hinsichtlich ihrer Komplexität, ihrer Geschwindigkeit und ihrer internen Architektur. Diese Schaltungen können vom Anwender programmiert werden. Dadurch ergeben sich kurze Entwicklungszeiten und eine hohe Flexibilität sowohl in der Entwicklungsphase als auch im Betrieb. Nachteil dieser Bausteine ist ihr relativ hoher Preis besonders im Bereich der höchsten Komplexitätsstufen. Deshalb geht man bei Massenproduktion oder höheren Integrations- und Geschwindigkeitsanforderungen zu den klassischen ASIC-Typen über.

Die klassischen ASIC-Realisierungen in der Digitalelektronik sind Gate-Arrays, Standardzellenentwürfe und Full-Custom-Entwürfe. Sie unterscheiden sich in der Umsetzung des logischen Designs in die physikalische Schaltung. Bei Gate-Arrays sind eine Menge von Gattern und Funktionsgruppen bereits auf dem Chip vorgefertigt und werden nur dem Design entsprechend verdrahtet. Standardzellenentwürfe verwenden vordefinierte Zellen, die dann auf dem Chip plaziert und verdrahtet werden. Beim Full-Custom-Entwurf erfolgt die Umsetzung der Schaltung auf der tiefsten Realisierungsebene, der Ebene des geometrischen Layouts von Transistoren. Dies erfordert Expertenwissen, erlaubt aber auch eine weitgehende Optimierung.

Der Designprozeß für ein ASIC läuft in folgenden Schritten ab: Die funktionale Spezifikation wird in Blockschaltbilder und dann in Schaltbilder umgesetzt, die dann auf graphischer Ebene eingegeben werden. Es folgt eine Simulation der Schaltung, die aber noch keine Verzögerungen durch die Verdrahtung der Zellen auf dem Chip berücksichtigt. Wenn die Simulation zufriedenstellend verläuft, können die Zellen plaziert und die Anordnung der Verbindungen bestimmt werden. Danach findet eine weitere Simulation statt, die Einflüsse der Leitungen berücksichtigt. Wenn auch diese Simulation erfolgreich ist, werden die Designdaten auf Band dem Hersteller geschickt. Der Hersteller überprüft das Design auf die Einhaltung seiner Design-Rules. Falls Verletzungen vorhanden sind, muß das Design entsprechend geändert werden. Dieser Iterationsprozeß wird in der Regel ein- bis zweimal durchlaufen, dann kann das Design gefertigt werden.

Statt der graphischen Eingabe von Schaltsymbolen setzt sich heute verstärkt eine programmiersprachenähnliche Modellierung der Schaltung mit Hilfe einer Hardware-Beschreibungssprache durch. Unter diesen Sprachen hat sich VHDL (Very High Speed Integrated Circuits Hardware Description Language) als internationaler Standard IEEE 1076 durchgesetzt. Diese Sprache ermöglicht die Beschreibung auf verschiedenen Abstraktionsebenen (funktional, Register-Transfer, Gatter) und eine beliebige Mischung davon. Sie ist simulierbar und synthetisierbar, d.h. aus der Beschreibung kann die reale Schaltung automatisch generiert und plaziert werden. Dieser Prozeß erfordert

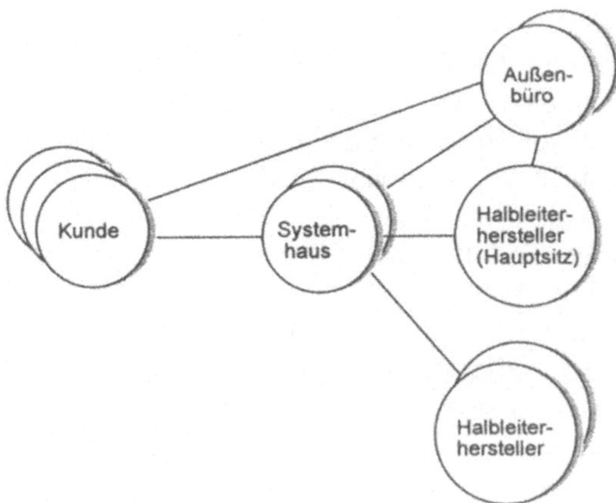

Abb.3.3.1 Verbindungstopologie

dennoch viele manuelle Eingriffe durch den Designer. Die entsprechenden Designtools sind wesentlich komplexer und (noch) schwerer zu beherrschen als die herkömmlichen Werkzeuge. Außerdem sind sie mit bis zu 150.000 DM pro Installation relativ teuer.

Zusammenfassend kann man sagen, daß es eine unübersehbare Vielfalt verschiedener Realisierungsmöglichkeiten gibt. Die Designtools speziell der neueren Generation erfordern einen hohen Grad an Expertise, um mit ihnen ein befriedigendes Ergebnis zu erzielen. Sie sind zudem kostenintensiv bezüglich der Anschaffung und der Wartung.

Am Entwurfsprozeß sind typisch drei verschiedene Klassen von Beteiligten zu identifizieren. Abbildung 3.3.1 zeigt die Topologie der Verbindungen zwischen den Beteiligten:

- *Kunden:* Kleine und mittlere Unternehmen (KmUs) benötigen die Umsetzung einer Idee in ein ASIC. Entsprechend ihrer Expertise ist diese Idee mehr oder weniger konkretisiert und sie benötigen externe Unterstützung bei der Wahl der Realisierungsmöglichkeiten, Hilfe beim Design oder die Bereitstellung von Ressourcen wie Entwicklungsumgebung (Software und Rechnerplattform).
- *Systemhäuser:* Sie sind die Träger des Know-hows und verfügen über die für alle Designbelange notwendige Infrastruktur. Sie bringen ihre Expertise und Erfahrung ein, stellen Ressourcen zur Verfügung und bieten Dienstleistungen (Gesamt- und/oder Teilentwicklungen) an. Sie kommunizieren mit den KmUs sowie mit den Halbleiterherstellern Die größeren Systemhäuser besitzen meist mehrere Niederlassungen.
- *Halbleiterhersteller:* Sie sind das letzte Glied der Kette. Sie tauschen mit den Systemhäusern Fertigungsdaten aus. Kundenspezifische Schaltungen werden in Deutschland von etwa 10 bis 15 Halbleiterherstellern gefertigt, europaweit von etwa 30.

Der Austausch von Daten erfolgt zur Zeit in der Regel über das Versenden von Datenbändern oder Disketten. Dieser Weg ist langwierig und bietet keine Interaktionsmöglichkeiten. Die Motivation für den verstärkten Einsatz von Telekommunikation soll an folgendem Fallbeispiel verdeutlicht werden:

Ein KmU möchte ein innovatives Produkt mit Hilfe eines kundenspezifischen Bausteins realisieren, kann sich aber nicht ohne Beratung für ein Produkt entscheiden. Es tritt daher mit einem Systemhaus oder einem Fraunhofer-Institut (FhI) in Kontakt. Nach mehreren Iterationsschritten fällt die Entscheidung für ein bestimmtes Gate-Array.

Zur Erstellung der Fertigungsunterlagen für den Halbleiterhersteller ist der Kunde ebenfalls auf das Systemhaus angewiesen. Er erstellt mit einem bereits bei ihm vorhandenen Schaltplanerstellungsprogramm den Schaltplan und schickt ihn per Diskette zur Simulation und Integration an das FhI. Der dort durchgeführte Design-Rule-Check macht Änderungen nötig, die per Telefon mit dem Kunden abgesprochen werden müssen. Dieser verschickt darauf die geänderte Version auf Diskette.

Zur Integration des Schaltplanes sind Parameterdateien und Bauelement-Bibliotheken des Herstellers nötig. Diese werden wegen Ihres Umfangs als Computerbänder vom Halbleiterhersteller an die Systemhäuser verschickt. Eine Simulation der Schaltung mit den aktuellen Prozeßparametern ergibt nochmals Unstimmigkeiten, die mit dem Kunden besprochen werden müssen. Dazu muß der Kunde am FhI erscheinen, weil nur dort die Daten in präsentierbarer Form vorliegen.

Die fertigen Designdaten (200 MByte und mehr) werden im Anschluß daran auf Band an den Halbleiterhersteller übertragen. Ein Design-Rule-Check dort fördert nochmals einen Fehler zutage. Nach dem Durchführen der Änderung, der Absprache mit dem Kunden und der nochmaligen Übertragung der Daten kann die Fertigung der Prototypen beginnen.

3.3.2 Telekommunikation und Telekooperation beim ASIC-Entwurf

Aus dem Fallbeispiel lassen sich die zwei Ansätze *Nutzung von Systemressourcen über Netz* und *Kooperativer ASIC-Entwurf* ableiten. Durch ihre Anwendung kann der Designprozeß mit Hilfe von Telekommunikation beschleunigt sowie einfacher und ökonomischer gestaltet werden.

Nutzung von Systemressourcen über Netz

Ein Kunde möchte die für ihn optimale Entwicklungsumgebung nutzen, um eine möglichst hohe Produktivität zu haben. Er steht also vor der Wahl, diese Tools und die zugehörigen Hardware-Plattformen zu kaufen. Dies rechnet sich nicht, wenn nur ein „kleineres" Design realisiert werden soll. Auch bei sporadischer Nutzung empfiehlt sich ein Kauf nicht, da die Wartungsverträge für die Software auch eine erhebliche finanzielle Belastung darstellen. Es ist für ein reibungsloses Design aber zwingend notwendig, mit einer aktuellen Version der Entwicklungstools zu arbeiten, da zwischen den Versionen teilweise gravierende Inkompatibilitäten möglich sind. Ferner bedürfen die verschiedenen Designschritte unterschiedlicher Rechnerkapazität. Für die Eingabe des Designs und das physikalische Layout ist eine Standard-Workstation hinreichend, sofern die Grafikfähigkeiten eine akzeptable Bildaufbaugeschwindigkeit erlauben. Die Designschritte Simulation und Synthese erfordern aber hohe Rechenleistung und bei komplexen Designs spezielle Hardware-Beschleuniger, deren Anschaffung bei sporadischer Nutzung unökonomisch ist. Durch zwei Dienste auf Telekommunikationsbasis können die beschriebenen Ressourcen-Probleme bewältigt werden:

- Remote-Job-Entry
- Remote-Processing

Zweck des Dienstes *Remote-Job-Entry* ist es, beim Systemhaus vorhandene Software mit den entsprechenden Hardware-Plattformen (gegen Gebühr) über Netz zu nutzen. Rechenintensive Prozesse wie Simulation und Synthese laufen typisch ohne Interaktion zwischen Programm und Anwender ab. Die notwendigen Eingangsdaten (Netzliste und Stimuli) werden zum Systemhaus übertragen und der entsprechende Job gestartet (Batch-Betrieb). Nach Beendigung des Jobs werden die Ergebnisse zurückübertragen, wo sie normalerweise über ein Visualisierungs-Backend auf der lokalen Workstation des Kunden angezeigt, oder anderweitig weiterverarbeitet werden.

Im Gegensatz zum Remote-Job-Entry soll beim *Remote-Processing* der Anwender den Eindruck haben, daß er lokal rechnet und interagiert. Die Software, die er benutzt, läuft aber auf dem Rechner des Systemhauses und nur die Daten, die für die Interaktion notwendig sind und die Bildschirmdaten laufen über das Netz. Die graphische Ausgabe erfolgt auf dem Bildschirm des Anwenders. Die Akzeptanz einer solchen Lösung ist von der Antwortszeit des Systems bestimmt.

Beide Dienste stellen wesentliche Anforderung an die Datensicherheit, da bei der Übertragung zwischen Kunde und Systemhaus sensible Designdaten über die Leitung gehen. Der Zugriff auf diese Daten muß auch auf der Seite des Systemhauses restriktiv gehandhabt werden. Ferner sind eine angemessene Benutzungsoberfläche sowie ein automatischer Accounting- und Logging-Mechanismus erforderlich.

Kooperativer ASIC-Entwurf

Heutige Designsysteme sind komplexe Programmpakete mit riesiger Funktionalität. Daher treten speziell bei „Gelegenheits"-Designern während des realen Designvorgangs Probleme bei der Bedienung auf. Solche Fälle lassen sich auch durch noch so gute Schulung nicht vermeiden. Wegen der Komplexität des Problems sind bei besonderen Schwierigkeiten auch die Online-Manuals nicht immer hilfreich. Wünschenswert ist daher die Möglichkeit, einen kompetenten Berater im Systemhaus in die eigene Designsitzung einbeziehen zu können. Dieser Berater soll das aktuelle Design auf seinem lokalen Bildschirm sehen und aktiv in die Designsitzung eingreifen können. Er kann somit die Lösung aufzeigen, das Problem am aktuellen Beispiel erklären und weitere Hinweise geben. Für die Kommunikation zwischen dem Kunden und dem Berater im Systemhaus ist eine Audioverbindung in Form des vom Telefon bekannten Freisprechens notwendig, die visuelle Komponente ist optional. Eine solche Problemhilfe kann auch in Richtung eines intensiveren Trainings erweitert werden. Dieses Training ist besonders für Designer mit Vorkenntnissen sinnvoll, die so die notwendigen Fertigkeiten zur Bedienung eines speziellen Designsystems am realen Beispiel relativ schnell erlernen können (Just-in-Time-Learning, Learning-by-doing).

3.3.3 Erprobung von Tele-ASIC

Bisherige Anwendungen auf Workstations verwendeten die VLSI-Entwurfssysteme von Synopsys und Cadence. Beide Systeme bestehen sowohl aus Komponenten, die im Batch-Modus arbeiten (z.B. VHDL-Parser und Design-Analyser), als auch aus Komponenten, die interaktives Arbeiten mit graphischer Ausgabe auf der Basis des X-Windows-Protokolls ermöglichen (z.B. Powerview Cockpit, Synopsys Design Debugger). Als PC-basierte Applikation wurde der VHDL-Simulator „VSystem", der unter MS-Windows läuft, eingesetzt. Als Arbeitsplätze wurden verschiedene Workstations (SUN, SGI, DEC) und mehrere PCs eingesetzt.

Nutzung von Systemressourcen über Netz

Für das Arbeiten im Batch-Modus wurden auf dem PC die Terminalemulation und Telnet-Implementierung PC-TCP und auf den Workstations die entsprechenden Äquivalente verwendet. Nach Einloggen über den Gatewayrechner des IIS können die Applikationsprogramme wie lokal genutzt werden. Der Datenaustausch erfolgt über eine ftp-Verbindung, die ebenfalls über ISDN geroutet wird. Dabei stellt ein Firewall-Konzept sicher, daß Daten und Programme nur vom Gateway, aber nicht von außerhalb erreichbar sind. An Diensten werden dabei nur sichere Protokolle wie z.B. Telnet zugelassen, während potentiell unsichere Zugangsmöglichkeiten wie z.B. rlogin abgewiesen werden.

Bei einem typischen Vorgang wurden zuerst VHDL-Source-Files per ftp auf den File-Server des IIS transferiert. Dann erfolgte das Einloggen unter den vergebenen Test-Accounts mittels telnet und das Starten der Batch-Jobs (typisch VHDL-Analyser, Simulator, Synthesetool). Das Ergebnis des beendeten Jobs (Netzlisten, Error-Reports, Logfiles) wurde dann zur Analyse wieder per ftp zu den Arbeitsplätzen zurücktransferiert.

Für die Arbeit mit graphischer Ausgabe wird auf dem Rechner, auf dem die Applikation ausgeführt wird, ein X-Terminal geöffnet, dessen Ausgabe auf den Arbeitsplatz umgelenkt wird. UNIX-Workstations sind in der Regel bereits X-fähig. Ist der Arbeitsplatz ein PC, ist hierfür eine Software wie PCX-Ware, PCX-View oder Exceed notwendig. Beim IGD wurde PCX-View mit Erfolg eingesetzt. Das typische Anwendungsbeispiel war das Visualisieren des Wave-Form-Outputs des VHDL-Simulators mit interaktivem Debugging. Diese Betriebsart wurde während eines realen Designzyklus (Entwicklung eines höchstintegrierten Graphikprozessors) intensiv erprobt.

Kooperativer ASIC-Entwurf

Im Bereich Kooperativer ASIC-Entwurf wurden ebenfalls verschiedene Konfigurationen getestet. Als Applikationen wurden die graphisch interaktiven Komponenten (Powerview Cockpit und Synopsys Design Debugger) der beiden bereits erwähnten Designumgebungen gewählt. Zusätzlich wurde der PC-basierte VHDL-Simulator V-System verwendet, um auch eine Applikation, die auf PC läuft, zu testen.

Als Basis für das kooperative Arbeiten mit Workstationapplikationen wurde das Programm JointX der Firma Sietec verwendet. Es ermöglicht eine gemeinsame, moderierte Benutzung einer X-konformen Applikation. Zusätzlich werden Hilfsmittel wie eine Chatbox zur Textkommunikation bereitgestellt. Die unerläßliche Audiokommunikation wurde über Telefon hergestellt, da JointX keine Audioverbindung im In-Band-Modus, d.h. auf der selben Leitung wie die übrigen Daten, zuläßt.

Als Endgerät beim Benutzer können eine Workstation oder ein PC mit X-Software eingesetzt werden. Ein gemeinsames Bearbeiten einer PC-Applikation ist in dieser Konfiguration nicht möglich. Ein solcher Fall ist aber auch nicht sehr plausibel. Bei PC-Applikationen ist es sinnvoll, reine PC-Konfigurationen zu verwenden, wie sie beispielsweise mit dem weiter unten beschriebenen ProShare erprobt wurden.

Neben JointX wurde VirtualX, ein F&E-Produkt des Fraunhofer-Instituts für Graphische Datenverarbeitung, IGD getestet. Ein großer Vorteil von VirtualX ist seine Integration einer Audio- und Video Verbindung. Ein weiterer Pluspunkt gegenüber JointX ist die Möglichkeit, die Kooperations-Sitzung nach Starten der Zielapplikation einzuberufen und auch neue Teilnehmer jederzeit aufnehmen zu können. Dies ist bei JointX nicht möglich, so daß beispielsweise das wichtige kooperative „Post-Mortem-Debugging" nur eingeschränkt, z.B. mit Hilfe von Journaling-Files, durchgeführt werden kann.

Im PC-Bereich wurde das von der Telekom vertriebene ProShare-System erprobt. Es ermöglicht eine gleichzeitige Video- und Audiokommunikation sowie das gemeinsame Bearbeiten von MS-Windows-Applikationen über eine Notizblockfunktion. Das Programm V-System Simulator, das als WIN32s Applikation erhebliche Anforderungen an virtuellen Speicher stellt, konnte erfolgreich verwendet werden, was für eine gute Stabilität der Software spricht. Die Verteilung der zur Verfügung stehenden Übertragungsbandbreite erfolgt dynamisch nach einer sinnvollen Priorisierung. Höchste Priorität hat die Audioverbindung, niedrigste die Videoinformation.

Bewertung der bisherigen Erprobung

Während der Erprobung erwies sich die beschriebene Konfiguration für die *Nutzung von Systemressourcen über Netz* als praxistauglich. Bei alphanumerischer Terminalemulation sind kaum Unterschiede zwischen remote- und lokalem Arbeiten festzustellen. Beim Aufbau großer Bitmaps im X-Betrieb war die Begrenzung der Übertragungsbandbreite gegenüber dem LAN hingegen deutlich zu bemerken. Die Geschwindigkeit ist trotzdem akzeptabel.

Der große Vorteil beider Konzepte (Batch- oder Interaktiver Betrieb über X-Protokoll) ist, daß der Anwender keinen extrem leistungsfähigen Arbeitsplatzrechner benötigt, daß die Verbindung plattformunabhängig ist und somit die notwendigen Einstiegsinvestitionen minimal sind.

Beim *Kooperativen ASIC-Entwurf* ergaben sich keine größeren Probleme beim Teilen von Anwendungen unter Einsatz von JointX. Einige Anwendungen, wie z.B. Synopsys verhalten sich an manchen Stellen jedoch nicht ganz X-konform und erfordern ein besonderes Vorgehen beim gemeinsamen Arbeiten. JointX verlangsamte die Applikation gegenüber dem Remote Processing (ohne Kooperation) jedoch nochmals. Ein interaktives Arbeiten wird durch die hohen Antwortzeiten eingeschränkt.

Zwischen PCs existiert mit ProShare 200 ein für diese Zwecke sehr gut geeignetes Produkt, das auf 2 ISDN-B-Kanäle und damit in seiner Leistungsfähigkeit beschränkt ist. Andererseits stellt es eine extrem ökonomische Lösung ohne die Notwendigkeit von Routern dar. Das System arbeitet problemlos und integriert auf PC-Basis alle gewünschten Funktionalitäten.

Laufende und zukünftige Arbeiten

Mit der Verfügbarkeit von PPP für den eingesetzten BinTec-Router und den Authentifikationsprotokollen PAP bzw. CHAP wird ein sicherer Anschluß von PCs und Workstations mit beliebigen ISDN-Karten möglich.

Während auf PC-Ebene mit ProShare bereits eine kostengünstige Möglichkeit für eine Videokonferenz vorliegt, muß für die Workstation-Welt eine Lösung gefunden werden, die sowohl von den Anschaffungskosten als auch von der Anzahl der benötigten ISDN-Kanäle im Rahmen bleibt.

Kontaktadresse

Fraunhofer-Institut für Integrierte Schaltungen, IIS-A
Am Weichselgarten 3
91058 Erlangen
Dr.-Ing. Rainer Ulrich
Tel.: 09131 / 776-363
Fax: 06151 / 776-399
Email: ulr@iis.fhg.de

3.4 CAD-Maschinenbau

Ass. Andreas Burblies
Fraunhofer-Institut für Angewandte Materialforschung, IFAM
Jörg Dieckhow
Fraunhofer-Institut für Produktionsanlagen und Konstruktionstechnik, IPK
Dr.-Ing. Dietmar Fischer
Fraunhofer-Institut für Arbeitswirtschaft und Organisation, IAO
Dipl.-Ing. Andreas Gücker
Fraunhofer-Institut für Produktionstechnik und Automatisierung, IPA
Dipl.-Inform. Helmut Haase
Fraunhofer-Institut für Graphische Datenverarbeitung, IGD
Dipl.-Ing. Roland Lehmann
Fraunhofer-Institut für Betriebsfestigkeit, LBF

Der Anwendungsbereich CAD-Maschinenbau verfolgt das Ziel Produktentwicklungszeiten durch Einsatz moderner Telekommunikationsdienste zu verkürzen. Dazu wurden im Rahmen des COBRA-3 Projekts innovative Methoden und Verfahren der Produktentwicklung (generative Prototypenfertigung, Berechnungsmethoden zur betriebsfesten Bemessung, verteilte Produkt- und Featurebibliotheken) in eine moderne Telekommunikationsinfrastruktur eingebunden und über die am Projekt beteiligten Unternehmen und Institute der Fraunhofer-Gesellschaft verfügbar gemacht. Es wurde ein ISDN-basiertes Rechnernetzwerk aufgebaut, eine Netzanbindung der verfügbaren Methoden und Verfahren durchgeführt sowie eine prototypische Diensteplattform in verschiedenen Varianten realisiert. Die Dienste und die Diensteplattform wurden anhand repräsentativer Geschäftsvorgänge im Bereich der Produktentwicklung mit allen Beteiligten erprobt.

3.4.1 Leistungssteigerung der Produktentwicklung durch Einsatz moderner Telekommunikationsdienste

Einer der kritischen ökonomischen Parameter in der Maschinenbau-, Anlagenbau-, Apparatebau- und Fahrzeugtechnikindustrie ist die Zeitspanne, die zwischen einer Produktidee und dem Zeitpunkt der Markteinführung liegt. Einen großen Zeitraum innerhalb dieser Zeitspanne nimmt die Produktentwicklung ein. Bei der Entwicklung von neuen Produkten werden in verstärktem Maße neue Werkstoffe, Komponenten und Produktionsverfahren eingeführt. Für eine stärkere Berücksichtigung dieser Aspekte findet in weiten Teilen der Industrie eine Umorganisation des Entwicklungsprozesses statt. Wesentliche Merkmale der Umorganisation sind die Bildung von Entwicklungsprojektteams, bestehend aus Experten aller Bereiche eines Unternehmens, und dem Auslagern von Entwicklungsarbeit hin zu spezialisierten Betrieben.

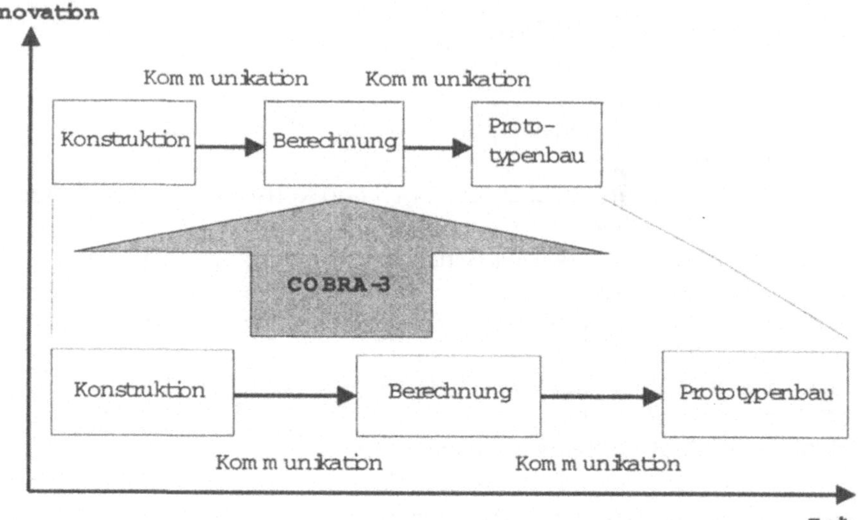

Abb. 3.4.1 Verkürzung von Produktentwicklungszeiten durch Einsatz innovativer Verfahren und Kommunikationstechniken

Bei der Einführung der Konzepte für eine neue Produktentwicklungsorganisation sind Probleme in der ineffektiven Komponentenspezifikation, keiner direkten Verfügbarkeit von Methoden und dem Fehlen von effektiven Mitteln zur Nutzung von spezialisierten Expertendiensten zu finden. Das Hauptproblem liegt jedoch bei der Kommunikation zwischen Entwicklungspartnern, wobei hier ein Schwerpunkt in dem verteilten Bearbeiten und dem schnellen und sicheren Austausch von produktbezogenen Daten liegt, welcher heutzutage noch größtenteils durch den Austausch von Papier und Bändern sowie der Nutzung konventioneller Post/Telekom-Dienste erfolgt.

Abbildung 3.4.1 zeigt die sich daraus ergebende Zielsetzung im Anwendungsbereich CAD-Maschinenbau anhand des vereinfachten, prinzipiellen Aufbaus einer Prozeßkette „Produktentwicklung": *die meßbare Verkürzung von Produktentwicklungszeiten durch den (1) Einsatz innovativer Verfahren und Methoden sowie der (2) Nutzung moderner Telekommunikationsdienste.*

Die dieser Zielsetzung entsprechenden Aufgabenstellungen können anhand eines exemplarischen Geschäftsvorfalls entwickelt werden:

- Der Zulieferer eines größeren Herstellers muß eine seiner Komponenten aufgrund aktueller Anforderungen durch konstruktive Änderungen besser für bestimmte Lastfälle auslegen.
- Er wendet sich an einen entsprechenden Konstruktionsexperten und erarbeitet Lösungen unter Verwendung computergestützter Methoden (CAD, Produkt-/Featuredatenbanken).

- Diese Lösungen werden anschließend bei einem Experten zur betriebsfesten Bemessung durch Strukturberechnungen (z.B. Finite-Elemente-Analysen) evaluiert. Dabei kommt es auch zum Einsatz computergestützter Optimierungsverfahren.
- In einem weiteren Schritt wird der Betrieb des modifizierten Bauteils im Gesamtsystem durch Computersimulation geprüft. Dies erfolgt bei einem Experten, der über ein entsprechendes Animations- und Visualisierungssystem verfügt (Virtual Prototyping).
- Die zu diesem Zeitpunkt vorliegende Lösung scheint zu einer wesentlichen Verbesserung des Betriebsverhaltens der Komponente zu führen. Dies soll aber noch durch Prüfungen an einem prototypischen Bauteil verifiziert werden. Dazu erfolgt die schnelle Herstellung des Prototyps (Rapid Prototyping) durch den Einsatz generativer Fertigungstechniken (z.B. Stereolithographie, FDM) und Nachbearbeitung (z.B. Feinguß, Fertigbearbeitung) bei entsprechenden Anbietern.
- Der Test des prototypischen Bauteils im realen Betrieb verläuft so, daß die aktuellen Anforderungen des Herstellers befriedigt werden. Das modifizierte Bauteil geht in die Serienfertigung.

An diesem Geschäftsvorfall ist zu erkennen, daß der Einsatz innovativer Methoden und Verfahren in der Produktentwicklung, welche in der Regel nicht an einem Ort verfügbar sind, nur zu einer Verkürzung der Produktentwicklungszeit führen kann, wenn moderne Telekommunikationsdienste genutzt werden:

- Dem Anwender muß ein *Telekommunikationsnetz* (z.B. ISDN) zur Verfügung stehen, über das er mit Hilfe einer *Diensteplattform* (Workstation oder Personalcomputer mit Schnittstelle zum Telekommunikationsnetz) auf Telekommunikationsdienste zugreifen kann.
- Der Anwender muß mit Hilfe des direkten Zugriffs auf ein *Katalogsystem* einen schnellen Überblick über geeignete Methoden und Verfahren (Anwendungsdienste) und deren Anbieter bekommen.
- Der Anwender muß mittels einer *Vermittlungszentrale* die in diesem Katalog aufgeführten Diensteanbieter ansprechen, die Anwendungsdienste abrufen und zu jeder Zeit den Zustand eines Vorganges kontrollieren können.
- Der schnelle Datenaustausch zwischen den Entwicklungspartnern (Anwender, Diensteanbieter) muß durch ein geeignetes *Datentransfersystem* gewährleistet sein.
- Besprechungen zwischen Entwicklungspartnern dürfen nicht in Form von Dienstreisen zu einem Besprechungsort, sondern müssen durch *Telekonferenzsysteme* realisiert werden.

3.4.2 Die Telekommunikationsinfrastruktur

Netz und Diensteplattform

Im Rahmen des Projekts COBRA-3 wird für das Telekommunikationsnetz schmalbandiges ISDN (S_0, S_{2M}) verwendet. Die sechs am Szenario CAD-Maschinenbau beteiligten Fraunhofer-Institute IFAM in Bremen, IPK in Berlin, IGD und LBF in Darmstadt sowie IPK und IAO in Stuttgart können mit einer maximalen Bandbreite von 2Mbit/s über ISDN-Primärmultiplexanschlüsse kommunizieren. Die in Abbildung 3.4.2 dargestellten 11 Unternehmen aus dem Bereich CAD-Maschinenbau, die mit den Fraunhofer-Instituten kooperieren, sind vorwiegend über ISDN-Basisanschlüsse mit einer maximalen Bandbreite von 128 kbit/s angeschlossen.

In Abbildung 3.4.3 ist die typische Diensteplattform dargestellt, mit der innerhalb des Projekts kommuniziert wird. Der Zugang zum ISDN erfolgt entweder vom lokalen Netz über einen LAN-ISDN-Router oder direkt von der Diensteplattform mittels einer ISDN-Karte. Für alle Anwendungen wird das Protokoll TCP/IP eingesetzt. Insbesondere die Internetdienste WWW (Informationssystem World Wide Web), FTP (Dateitransfer) und Email (Nachrichtenaustausch) sind wichtiger Bestandteil der Diensteplattform. Dazu kommen Dienste, die speziell im Rahmen des COBRA-3 Projekts entwickelt wurden sowie Konferenzsysteme für das verteilte Arbeiten (CSCW).

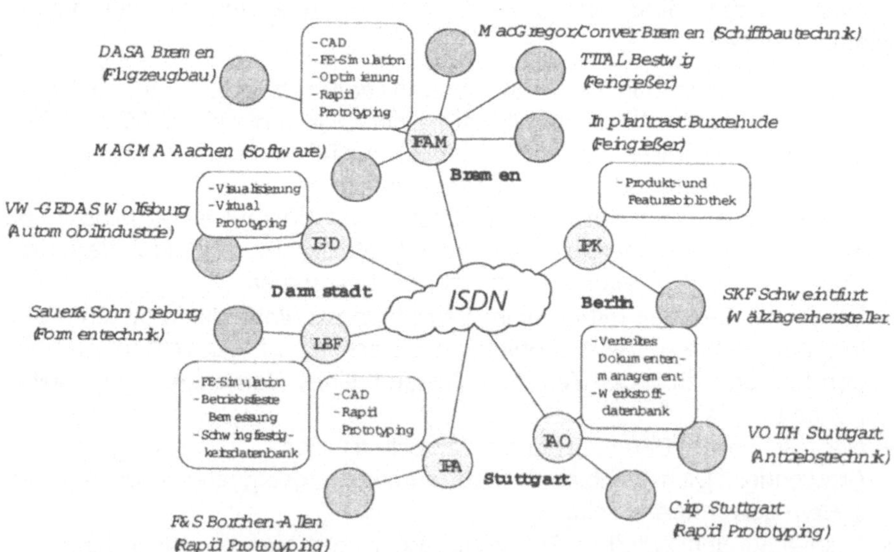

Abb. 3.4.2 Fraunhofer-Institute und Unternehmen kommunizieren über ISDN (S_0, S_{2M}, Transferrate < 2Mbit/s)

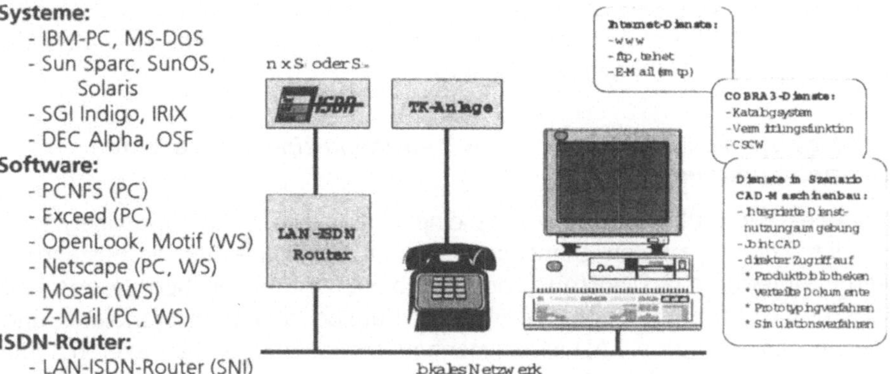

Abb. 3.4.3 Beispiel für die typische Diensteplattform mit Zugang zum ISDN vom lokalen Netzwerk

Zusätzlich wurden durch Integration des Systems SecuDe moderne Verschlüsselungsmechanismen zur Verfügung gestellt, die für den sicheren Datenaustausch notwendig sind. Dabei werden an alle beteiligten Institute und Unternehmen private und öffentliche Schlüssel verteilt, mit denen Daten mit einem öffentlichen Schlüssel so verschlüsselt werden können, daß nur der Besitzer des zugehörigen privaten Schlüssels diese Daten lesen kann.

Konferenzsysteme für das verteilte Arbeiten mit CAD-Programmen

Kleine und mittlere Unternehmen nehmen aus wirtschaftlichen Gründen viele Dienstleistungen in Anspruch und sind auf die Zusammenarbeit mit anderen angewiesen. So nehmen an einem Produktentwicklungsprozeß oft mehrere Partner teil, die in der Regel geographisch verteilt sind. Dabei liegt das Kommunikationspotential in dem Bedarf der direkten Verbindung zwischen den verschiedenen Produktentwicklungspartnern, um ein sogenanntes Concurrent Engineering zu ermöglichen.

Im Rahmen des COBRA-3 Projekts werden die Möglichkeiten getestet und bewertet, zwei oder mehrere Teilnehmer von unterschiedlichen Rechnern aus zur gleichen Zeit in Form einer Konferenz an einer CAD-Anwendung arbeiten zu lassen. Hierbei steht zusätzlich eine Audio-Konferenzschaltung für die Sprechverbindungen zwischen allen Teilnehmern zur Verfügung.

Es wurden u.a. das Konferenzsystem JointX der Firma SieTec sowie das Programm VirtualX (Fraunhofer IGD) mit CAD-Applikationen (z.B. AutoCAD, Pro/Engineer, PATRAN) und auf unterschiedlichen Plattformen (SUN Sparc, DEC Alpha, SGI Indigo) erprobt.

Als Ergebnis ist zu nennen, daß die Konferenzsysteme teilweise nicht mit allen CAD-Systemen lauffähig sind. Wichtig ist auf jeden Fall, daß das CAD-System eine Bildschirmausgabe auf einem X-Terminal ermöglicht. Vor dem Einsatz muß dies beim Softwarehersteller des CAD-Programms geklärt werden. Weiterhin ist ein akzeptables Arbeiten mit dem Konferenzsystem nur gewährleistet, wenn der Direktzugriff auf das CAD-Programm über die ISDN-Leitung annehmbare Antwortzeiten aufweist. In der Regel sind deshalb Bandbreiten über 128 kbit/s erforderlich.

Katalogsystem und Vermittlung von Diensten in einer „Integrierten Dienstnutzungsumgebung"

Auf den Diensteplattformen wurde eine einheitliche Benutzungsoberfläche für den Zugang zu den Diensten implementiert. Wesentlicher Bestandteil dieser „Integrierten Dienstnutzungsumgebung" ist ein Katalogsystem auf Basis des Hypermediasystems WWW. Im Katalog sind Diensteanbieter und Dienste des Szenarios CAD-Maschinenbau enthalten. Der Benutzer hat die Möglichkeit, direkt vom Katalog aus mit dem Diensteanbieter über Email Kontakt aufzunehmen. Sind die Verhandlungen über die Nutzung eines Dienstes abgeschlossen, bekommt der Dienstanwender eine Zugangsberechtigung und kann über die Vermittlungszentrale vom WWW-Browser aus den Dienst „online" abrufen (z.B. Zugriff auf ein CAD-Programm).

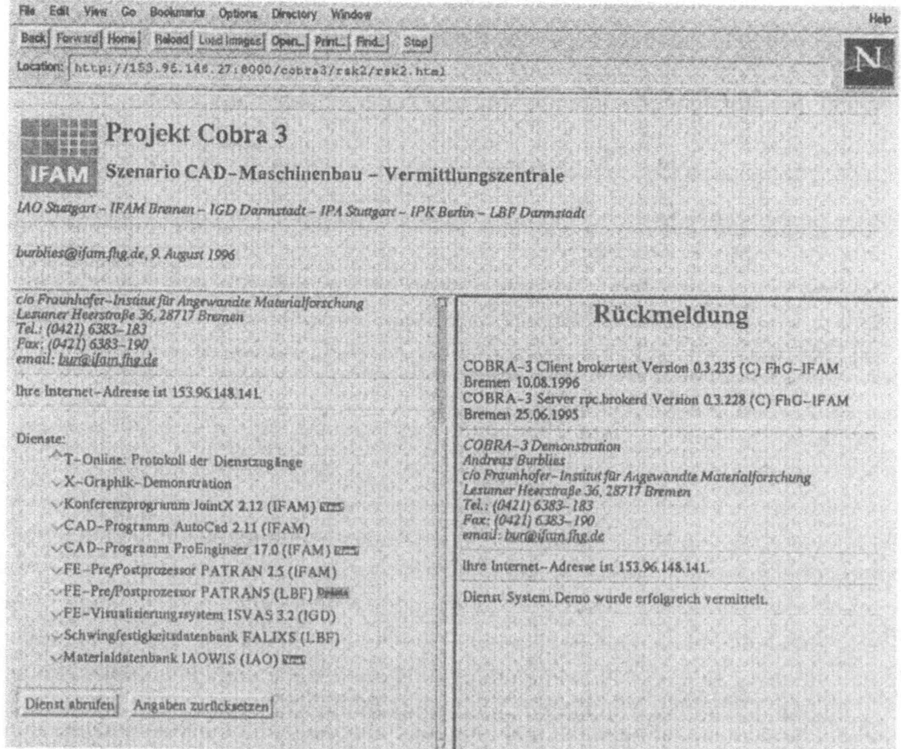

Abb. 3.4.4 Zugang zu CAx-Programmen von einem WWW-Browser aus mit Hilfe der COBRA3-Vermittlungszentrale

3.4.3 Realisierung verschiedener Szenarios der Produktentwicklung

Szenario 1: „Strukturberechnung und betriebsfeste Bemessung"

Ziel des Szenarios Strukturberechnung und betriebsfeste Bemessung war es, mittels Telekommunikationstechniken Expertenwissen aus den Bereichen rechnerische Beanspruchungsermittlung und Bewertung der Betriebsfestigkeit von Bauteilen für kleine und mittelständische Unternehmen verfügbar zu machen. Das Fraunhofer-Institut für Betriebsfestigkeit (LBF) realisiert das Subszenario zusammen mit dem Fraunhofer-Institut für Graphische Datenverarbeitung (IGD).

Das LBF entwickelt und optimiert tragende Bauteile von Maschinen, Fahrzeugen, Apparaten und Bauwerken hinsichtlich ihres Festigkeitsverhaltens im Betrieb, ihres Gewichtes und der bei der Fertigung und beim Gebrauch entstehenden Kosten. Ein Schwerpunkt der Forschungstätigkeit ist derzeit dem Ziel gewidmet, Entwicklungszeiten bei gewährleisteter Zuverlässigkeit zu verkürzen, z.B. durch die Verringerung des experimentellen Aufwandes mit Hilfe der Integration rechnerischer Verfahren in den Bemessungsprozeß.

Die Forschungsarbeiten führen zu fortschrittlichen konstruktiven Lösungen, die einerseits eine ausreichende Betriebssicherheit gewährleisten und andererseits dazu beitragen, den Einsatz an Werkstoff, Energie und Produktionsmitteln so gering wie möglich zu halten. Neben Kosteneinsparungen durch verkürzte Entwicklungszeiten und verbilligte Herstellung erhöhen sich Gebrauchswert und Lebensdauer, Risiken aus der Produzentenhaftung und Gewährleistung werden minimiert. Auch dem volkswirtschaftlichen Verlangen nach mehr Sicherheit und besserer Ressourcennutzung wird Rechnung getragen.

Das Expertenwissen des LBF wird durch den Einsatz von Telekommunikationstechniken im Rahmen des Projekts einer allgemeinen Nutzung zugänglich gemacht. Das Leistungsangebot ist über HTML-Mechanismen (http://www.lbf.fhg.de/cobra/welcome.htm) im COBRA-Netz dokumentiert: COBRA-Anwender können sich dort informieren und bei Bedarf Kontakt zum LBF herstellen. Neben den herkömmlichen Mitteln wie Telefon, Fax oder Brief steht hierzu auch die Nachrichtenübermittlung per Email zur Verfügung. Diese letztgenannte Möglichkeit ist in den HTML-Dokumenten integriert.

Basis für die Bearbeitung des technischen Problems im COBRA-Kontext sind CAD-Datensätze von Bauteilen. Mittels Datenübertragung werden diese vom Auftraggeber an das LBF übermittelt. Da die Untersuchungen des LBF meist Neuentwicklungen betreffen, muß die Vertraulichkeit der Daten sichergestellt sein. Sie werden daher mittels moderner kryptografischer Verfahren verschlüsselt. Das dabei verwendete System garantiert dem Sender, daß die Nachricht ausschließlich vom Empfänger entschlüsselt werden kann (Vertraulichkeit), stellt aber gleichzeitig für den Empfänger sicher, daß eine Nachricht tatsächlich von einem bestimmten Absender stammt (Verbindlichkeit). Hierzu wird eine Zertifizierungsinstanz benutzt, die den Verschlüsselungscode zertifiziert und damit bestätigt, daß ein bestimmter Schlüssel einer definierten Person zugeordnet ist.

Auf der Basis der übermittelten CAD-Daten wird mit dem Preprozessor des Programmsystems P3/PATRAN 5.0 ein Finite-Elemente- (FE-)Modell unter Verwendung geeigneter Schnittstellen erstellt.

Die Berechnung der örtlichen Beanspruchungen und Identifikation versagenskritischer Stellen erfolgt, nachdem Randbedingungen wie Höhe und zeitlicher Verlauf betriebsrelevanter Belastungen zusammen mit dem Anwender erarbeitet wurden. Die Angebotspalette des LBF erstreckt sich auf statische, dynamische, thermische und kombiniert thermisch-mechanische Berechnungen.

Außer der Entwicklung und Parameterbestimmung für verfeinerte Materialmodelle (Hyperelastizität, Bimodularität, Viskoelastizität) besitzt das Institut auch weitere Kompetenz im Bereich nichtlinearer Berechnungen, z.B. Kontaktprobleme und elastisch-plastische Berechnungen. Die Simulation von Wärmebehandlungs- und Schweißverfahren im Hinblick auf Eigenspannungen und Verzug runden das Leistungsspektrum im Bereich der Strukturberechnung ab.

Das Programm FALIXS stellt die berechneten örtlichen Bauteilbeanspruchungen den ertragbaren Beanspruchungen (Festigkeitskennwerte) gegenüber und ermittelt mit Hilfe von Annahmen hinsichtlich der im Betrieb zu erwartenden Belastungen und sogenannte Schadensakkumulationshypothesen die Bauteillebensdauer. Die erforderlichen Festigkeits- und Beanspruchungskennwerte können wahlweise manuell oder aus einer Datenbank vorgegeben werden.

Zur Diskussion der Ergebnisse steht das Konferenzsystem VirtualX zur Verfügung. Auf zwei räumlich getrennten Workstations wird eine laufende Anwendung (PATRAN oder FALIXS) dargestellt und bedient. Ein Koordinator vergibt und entzieht die Rechte zum Bedienen der Anwendungen. Gleichzeitig kann eine Kommunikation über Sprache oder Text erfolgen, die ebenfalls über die Datenleitung ebenfalls übertragen wird. Anmerkungen, Kommentare und Änderungswünsche werden mit einer Whiteboard-Funktion bearbeitet.

Da die Fähigkeiten herkömmlicher FE-Postprozessoren (wie z.B. der in PATRAN beinhaltete) stark eingeschränkt sind, besteht die Möglichkeit, eingehende Analysen der Berechnungsergebnisse mittels ISVAS (Warenzeichen der Fraunhofer-Gesellschaft) vorzunehmen. Dieses vom Fraunhofer-Institut für Graphische Datenverarbeitung, IGD und dem Fraunhofer-Institut für Betriebsfestigkeit, LBF gemeinsam entwickelte Visualisierungssystem erlaubt die komfortable, interaktive Untersuchung auch großer FE-Datensätze u.a. durch Darstellung von Isoflächen, Spannungslinien usw. Im Rahmen des COBRA-Projektes wurde eine verteilte Version von ISVAS realisiert, in der ein Visualisierungsexperte ISVAS bedient und ein Visualisierungslaie (z.B. Konstrukteur) an einem anderen Ort diese Visualisierung mitverfolgen kann. Eine Audio- und ggf. Videoverbindung gestattet dabei ein gemeinsames computerunterstütztes Arbeiten mit dem System. Um die vorhandenen Kommunikationsbandbreiten optimal zu nutzen, werden hierbei lediglich kurze Kommandosequenzen ausgetauscht, wie in der Abbildung 3.4.5 dargestellt.

Es besteht die Möglichkeit, autorisierten Nutzern die im Subszenario spezifizierten Programme (P3/PATRAN 5.0, FALIXS) über Datenleitung auch ohne Konferenzschaltung direkt zugänglich zu machen.

Für die Nutzung der Dienste des Subszenarios Strukturberechnung und betriebsfeste Bemessung benötigt der Anwender einen mit ISDN-Karte ausgestatteten PC. Zudem muß das TCP/IP Protokoll installiert sein sowie ein sogenannter X-Emulator (Produkte wie eXcursion oder XCeed sind gebräuchlich), um die Nutzung der X-Windows-basierenden Dienste zu ermöglichen. Für eine Konferenzschaltung muß der COBRA-Anwender außerdem mit einem ISDN-Zugang zu einer eigenen UNIX-Workstation ausgestattet sein. Dies kann mit Hilfe eines Hausnetzwerks (Ethernet, Novell) und eines ISDN-Routers geschehen. Die Nutzung des verteilten ISVAS-Systems erfordert derzeit ebenfalls eine UNIX-Workstation.

Die allgemeine Nutzbarkeit des umfangreichen Expertenwissen des LBF kommt vor allem kleinen und mittleren Unternehmen zugute, die auf diese Weise optimale Produktlösungen erzielen und ihre Entwicklungszeiten und Entwicklungskosten erheblich reduzieren, indem sie Aspekte der Betriebsfestigkeit in einem frühen Entwicklungsstadium integrieren. Vor allem der kostenintensive experimentelle Entwicklungsaufwand von Bauteilen kann auf diese Weise erheblich gesenkt werden.

Gleichzeitig wird die Qualität der Produkte gesteigert, da die modernen Methoden einen umfassenden Überblick über das zu bearbeitende Problem gewähren. Die Entwicklung neuer Produkte erfolgt meist unter erheblichem Termindruck. Daher ist es wichtig, verteiltes Expertenwissen schnell und flexibel zugänglich zu machen, ohne daß die Unternehmen eigene Kompetenz und Ausstattung vorhalten müssen.

Der Einsatz von Telekommunikation fand bisher hauptsächlich auf dem Gebiet des CAD statt. Der Austausch von Zeichnungsdaten und die Diskussion von Konstruktionsvarianten an weit auseinanderliegenden Orten wird teilweise in großen Unternehmen eingesetzt. Dagegen besteht das Ziel des Subszenarios Strukturberechnung und betriebsfeste Bemessung darin, CAE-Prozesse für kleine und mittelständische Unternehmen verfügbar zu machen. Der Investitionsaufwand soll dabei so gering wie möglich gehalten werden.

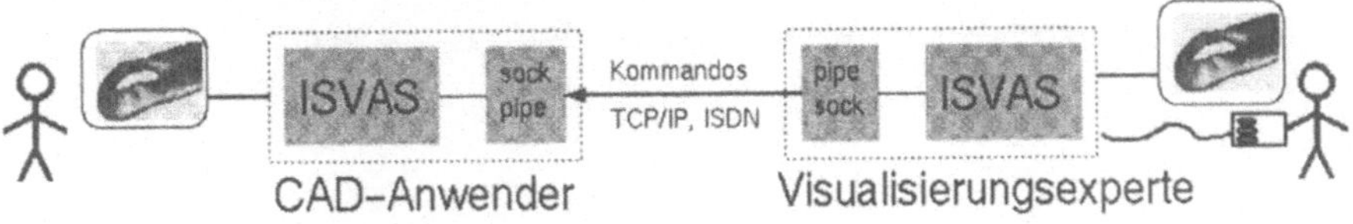

Abb. 3.4.5 Visualisierungskomponente ISVAS

Exemplarische Entwicklungen wurden mit der Firma Sauer & Sohn Formentechnik, Dieburg, durchgeführt. Dazu wurde ein PC mit einer aktiven ISDN-Karte bestückt. Die entsprechende Treibersoftware für das TCP/IP-Protokoll ist als Shareware verfügbar und wurde installiert. Der Router im LBF ist so konfiguriert, daß der PC in Dieburg über ISDN als Teil des LBF-Hausnetzes betrieben werden kann.

Die für TCP/IP üblichen Netzdienste wie Electronic Mail, FTP (File Transfer Protocol), Telnet oder WWW (World Wide Web) waren aufgrund dieser Konfiguration ohne weitere Probleme nach dem Installieren der entsprechenden Client-Software nutzbar. Durch die kommerzielle X-Emulator-Software eXcursion wird erreicht, daß der PC als Terminal für Workstations mit X-Graphik verwendet werden kann.

Durch die Nutzung der WWW-Mechanismen sind die Anwendungsprogramme des LBF auf Knopfdruck verfügbar. Durch einen Link in der integrierten Dienstnutzungsumgebung wird eine Anforderung zur Vermittlungsfunktion, die in Bremen installiert ist, geschickt. Diese startet über einen Remote Procedure Call ein Shell-Script im LBF. Dort wird zunächst die Zugangsberechtigung des Nutzers abgefragt und bei positivem Ergebnis die gewünschte Anwendung gestartet. Durch das Umsetzen der DISPLAY-Variablen ist die Oberfläche der Anwendung auf dem Bildschirm des PCs in Dieburg sichtbar und von dort aus über Tastatur und Maus bedienbar.

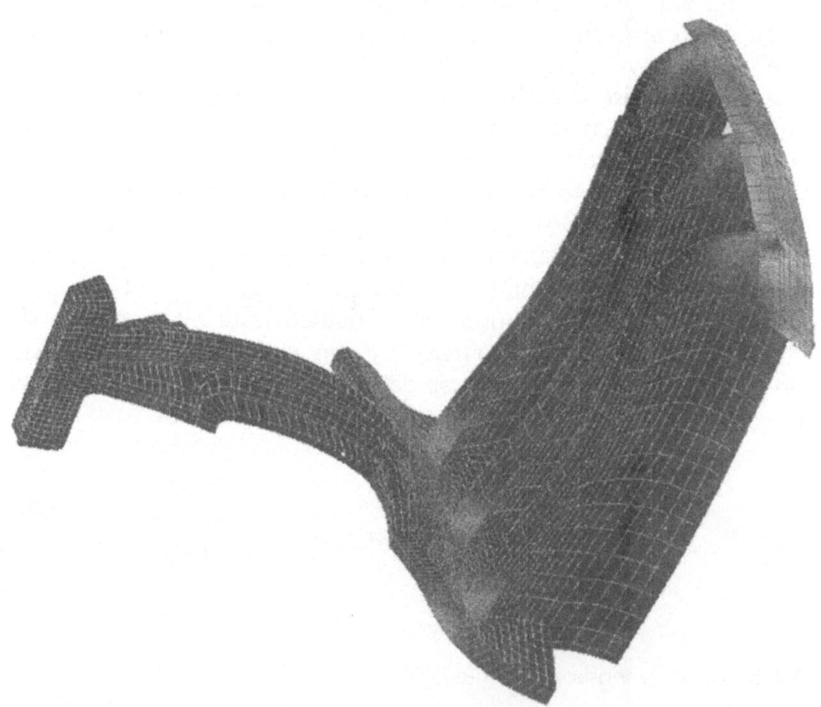

Abb. 3.4.6 Lüfterrad unter Fliehkraftbelastung, Spannungen nach von Mises

Die Verschlüsselungssoftware SecuDe, entwickelt bei der Gesellschaft für Mathematik und Datenverarbeitung GMD, ist sowohl in Dieburg auf dem PC als auch beim LBF auf einer UNIX-Workstation installiert. Das LBF fungiert außerdem als Zertifizierungsinstanz. Künftig ist eine zentrale Instanz vorgesehen. Die Verschlüsselung der Dateien, die per FTP versendet werden sollen, wird über Kommandozeileneingabe vorgenommen. Hier sind benutzerfreundlichere online-Verschlüsselungs-Konzepte in der Entwicklung. Das Versenden der Daten mit der FTP-Client-Software bereitet keinerlei Probleme.

Per FTP wurde ein gemeinsam mit Sauer & Sohn ausgesuchtes Beispielbauteil, ein Lüfterrad, als CAD-Datensatz unter Verwendung des Verschlüsselungsmechanismus übermittelt und im LBF bearbeitet. Eine rechnerische Spannungsanalyse ist abgeschlossen, eingehende Betriebsfestigkeitsuntersuchungen werden folgen. Es ist geplant, die Ergebnisse bei vollständiger Installation des Konferenzsystems mit Sauer & Sohn mittels Datenleitung zu diskutieren.

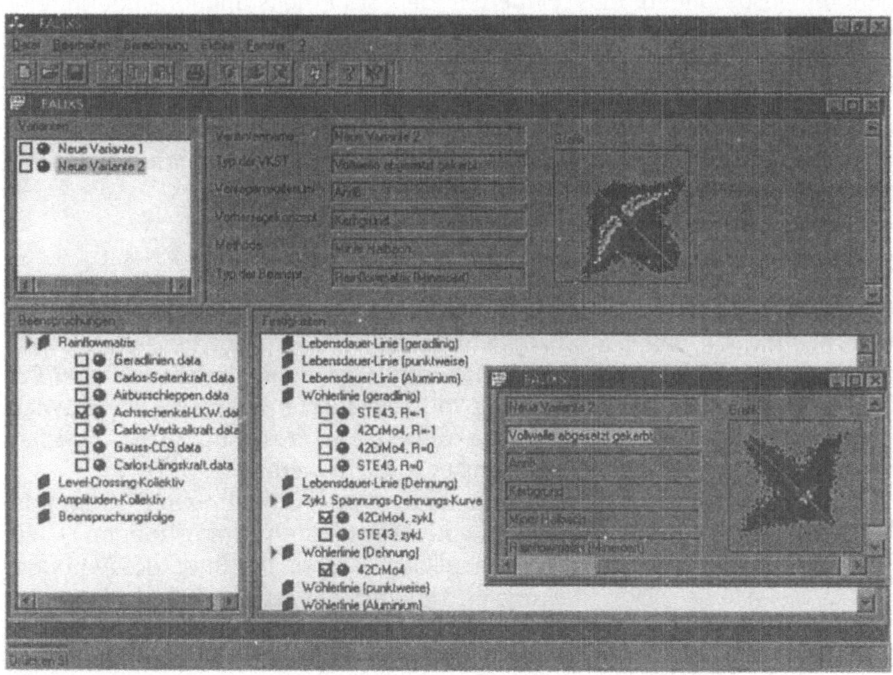

Abb. 3.4.7 Benutzeroberfläche von FALIXS (Fatigue Life Expert System)

Erprobungsergebnisse des Szenarios 1

Eine Erprobung des verteilten ISVAS-Systems mit einem Unternehmen in Wolfsburg verlief sehr erfolgreich.

Bisher wurden vielfach Konferenzsitzungen zwischen den beiden Fraunhofer-Instituten LBF und IGD getestet. Das System VirtualX arbeitete dabei zufriedenstellend. Es ist jedoch ein enormer Bedarf an Systemressourcen zu verzeichnen. Das Arbeiten mit dem FE-System P3/PATRAN 5.0 funktioniert gut, wenn auch nicht so flüssig wie der Betrieb von PATRAN außerhalb der Konferenz. ISVAS hat seine hervorragende Eignung für die verteilte Visualisierung von FE-Daten unter Beweis gestellt.

Um das Konferenzsystem VirtualX nutzen zu können, benötigt Sauer & Sohn einen ISDN-Router, so daß eine Verbindung von einer SGI-Workstation im LBF zu einer HP-Workstation in Dieburg geschaltet werden kann.

In Zukunft werden weitere Funktionen, die von den generischen Diensten aufgebaut werden, in die COBRA-Umgebung zu integrieren sein. Hierzu gehören insbesondere das Einbetten der Sicherheitsfunktionalität in eine geeignete Schnittstellenumgebung (API = Application Interface), so daß die Verschlüsselung der Daten im Hintergrund abläuft.

Auf der CD werden Ergebnisse von numerischen Berechnungen, die im LBF ausgeführt wurden, gezeigt. Besonders anschaulich sind die Filmsequenzen, die das Bauteilverhalten unter Last darstellen. Die Animationen wurden mit dem Visualisierungssystem ISVAS angefertigt.

Szenario 2: „Schneller Prototypenbau"

Durch Anwendung von Rapid Prototyping kann der Zeitbedarf für die Markteinführung neuer Produkte um bis zu 50% Prozent gesenkt werden, wenn gleichzeitig Methoden des Concurrent Engineering angewandt werden. Dies erfordert auch die Minimierung von Zeitverlusten während des Entwicklungsprozesses, wie sie durch eine konsequente Nutzung fortschrittlicher, multimedialer Kommunikationstechniken erreicht werden kann.

Das Subszenario Prototyping beschreibt den Aufbau eines 'Corporate Network' - d.h. eines Verbunds von Dienstleistern und Kunden - zur schnellen, CAD-basierten Prototyperstellung. Technische Basis des Verbunds sind CAD-Systeme, 3D-Digitalisiereinrichtungen, unterschiedliche Anlagen zur schnellen, generativen Fertigung von Prototypen, ein System für 'Virtuelles Prototyping' sowie eine Telekommunikationsplattform. Bestandteil der Plattform ist eine Dienstnutzungsumgebung (DNU Prototyping), welche die angebotenen Dienste in eine integrierte Benutzungsoberfläche einbindet und eine Reihe von multimedialen Funktionen bietet. Das Gesamtsystem dient als Modell für die Zusammenarbeit von Auftraggeber und Dienstleister im Bereich der schnellen Produktentwicklung.

Im Bereich der Produktentwicklung spielen Funktions- und Montagemuster (Prototypen) zusammen mit Design- und Urmodellen auch in Zeiten leistungsfähiger CAD-Systeme eine bedeutende Rolle, da häufig nur durch sie letzte

Klarheit über Gestalt und Funktion eines neuen Produkts erlangt werden kann.

Die Erstellung von Prototypen war in der Vergangenheit eine zeitaufwendige und kostspielige Angelegenheit. Durch den Einsatz moderner, speziell für den Prototypenbau entwickelter Fertigungstechnologien (Rapid Prototyping Technologien) wie zum Beispiel Stereolithographie oder Fused Deposition Modelling (FDM), kann ein am CAD-Bildschirm konstruiertes Objekt relativ einfach in ein physisches Modell überführt werden. Auf der Basis des CAD-Modells werden direkt die Prozeßsteuerdaten für die entsprechende Rapid-Prototyping-Anlage gewonnen.

Sollte die Herstellung physikalischer Prototypen aus technischen oder wirtschaftlichen Gründen (z.B. zu große Abmessungen, beschränkt einsetzbare Funktionsprototypen) mit diesen Verfahren nicht möglich sein, bietet sich das Virtuelle Prototyping als Alternative an. Die Simulation der Virtuellen Realität (VR) ermöglicht es, das rechnerinterne Datenmodell des Produktes mitsamt seiner Geometrie, Farbe, Oberflächeneigenschaften und seiner Funktionalität als 'virtuellen Prototyp' zu verwenden und gegebenenfalls in seinen Eigenschaften zu modifizieren. Das ermöglicht fundiertere Designentscheidungen in der frühen Phase der Produktentwicklung und reduziert den Gesamtzeitbedarf.

Die Beschaffungskosten für Rapid-Prototyping-Anlagen und Hochleistungs-VR-Systeme sind allerdings so hoch, daß nur wenige mittelständische Betriebe selbst darüber verfügen können. Es existieren deshalb über ganz Deutschland verteilt eine ganze Reihe von spezialisierten Dienstleistungsbetrieben, die ihre Anlagen und ihr Know-how für Kundenaufträge zur Fertigung von Prototypen bereitstellen.

Zwischen den einzelnen Abläufen bei der Erstellung von Prototypen mit modernen Techniken zeigt sich eine bemerkenswerte zeitliche Diskrepanz: Auch für komplexe Teile liegt die Fertigungsdauer im Bereich weniger Stunden und der Postversand der fertigen Teile nimmt im allgemeinen 1 bis 3 Werktage in Anspruch.

Im Gegensatz dazu stellt die Vorbereitungsphase eines Auftrags, d.h. die Übermittlung des CAD-Datensatzes vom Kunden zum Dienstleister und die genaue Absprache bzw. Festlegung aller Randbedingungen für den Fertigungsprozeß, in den meisten Fällen den Engpaß dar. So werden dem Dienstleister CAD-Datensätze heute im allgemeinen auf Diskette oder Magnetband zugeschickt, oder der Auftraggeber unternimmt eine Dienstreise, um den Datensatz zu überbringen und bei dieser Gelegenheit gleich im Hause des Dienstleisters die Details des Auftrags zu besprechen. Sollte der CAD-Datensatz unvollständig oder fehlerhaft sein, so vergehen bis zur Bereitstellung eines aktualisierten weitere Tage. Ähnliches gilt für das Virtuelle Prototyping. Hier müssen zur Zeit Datenträger verschickt oder überbracht werden. Die Daten werden aufbereitet und entweder vor Ort präsentiert oder als Animationen auf Magnetband aufgenommen und an den Auftraggeber zurückgeschickt.

Um die Vorteile einer schnellen Prototypenfertigung durch Dienstleister effektiv und effizient nutzen zu können und damit die Entwicklungszeiten und Kosten weiter zu senken, ist eine konsequente Nutzung moderner Telekommunikationstechniken auf diesem Gebiet unabdingbar.

Im Rahmen des Subszenarios „Prototyping" wurde eine Telekommunikationsplattform mit einer Dienstnutzungsumgebung (DNU Prototyping) entwickelt, die es gestattet, Aufträge zur Erstellung von physischen oder virtuellen Prototypen optimiert abzuwickeln (Abb. 3.4.8.).
Eingangsdaten für das System können CAD-Daten, Digitalisierdaten oder Rapid-Prototyping-Steuerdaten sein.

Mit Hilfe des in die Telekommunikationsplattform integrierten Konverters, der diese Informationen vom jeweiligen Dateiformat (z.B. VDAFS, IGES, DXF, STL etc.) des sendenden Systems in das des empfangenden umsetzt, können heterogene Systeme aufgebaut werden, ohne daß auf seiten eines neu hinzukommenden Partners zusätzliche Softwareschnittstellen notwendig werden.

Die Nutzung von Digitalisierdaten als Eingangsdaten für das System eröffnet einem Kunden die Möglichkeit, Replikate von Design-, Urmodellen oder Gußkernen mittels Rapid-Prototyping-Technologien zu erstellen. Mit der Anbindung von Digitalisiersystemen an die Telekommunikationsplattform wird auch hier eine hohe Flexibilität erreicht. Der Kunde kann sowohl das Digitalisierverfahren (z.B. optisch oder taktil) als auch das Rapid-Prototyping-Verfahren frei wählen und damit seinen Bedürfnissen optimal anpassen.

Zusätzlich zu diesen Eingangsdaten werden von Kundenseite Detailinformationen für die gewünschte Fertigung bereitgestellt. Das System übermittelt diese Informationen an den gewünschten Dienstleister (hier: IFAM, IGD oder IPA). Auf Wunsch des Kunden können bei speziellen Anforderungen an den Fertigungsprozeß Dienstleister mit der geeigneten apparativen Ausstattung ermittelt und angesprochen werden.

Auf Basis der bereitgestellten Informationen kann der Dienstleister ein Angebot für die Fertigung erstellen und dem Kunden in entsprechend aufbereiteter Form über die Telekommunikationsplattform übersenden.

Sollten Unklarheiten bezüglich der übermittelten CAD-Daten oder der Begleitinformationen bestehen, so kann der Dienstleister über Multimediasitzungen mit dem Kunden eine Klärung des Sachverhalts herbeiführen.

Sind alle notwendigen Vorarbeiten erledigt, so wird der Fertigungsauftrag an die Rapid-Prototyping-Einrichtung weitergegeben. Da der Auftrag für den Kunden fast immer zeitkritisch ist, bietet ihm die Kommunikationsplattform die Möglichkeit, den derzeitigen Status seines Auftrags und die voraussichtliche Dauer bis zu seiner Beendigung abzufragen. Dieses Angebot erhöht die Flexibilität auf seiten des Kunden und macht persönliche Nachfragen beim Dienstleister in schriftlicher oder mündlicher Form überflüssig.

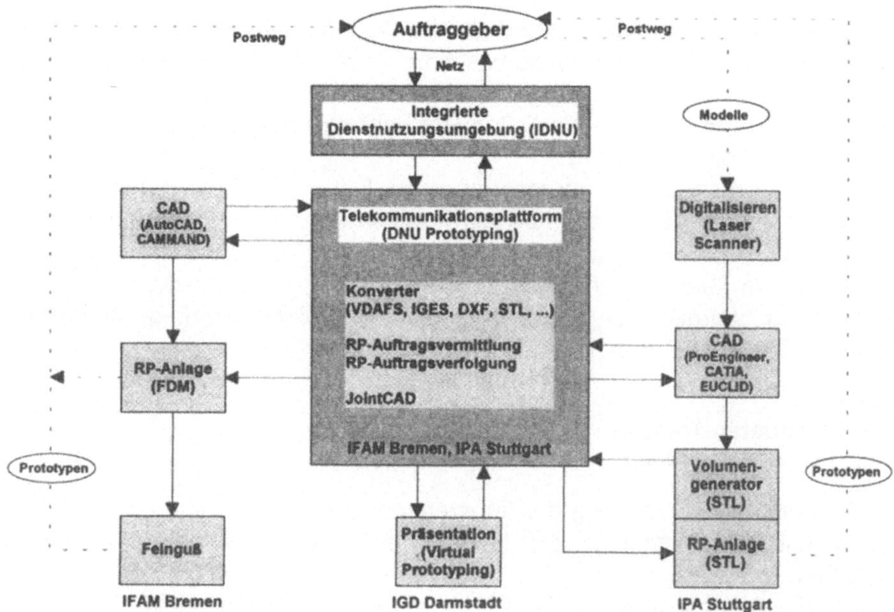

Abb. 3.4.8 Darstellung der Informations- und Materialwege für RP-Aufträge im Subszenario Prototyping

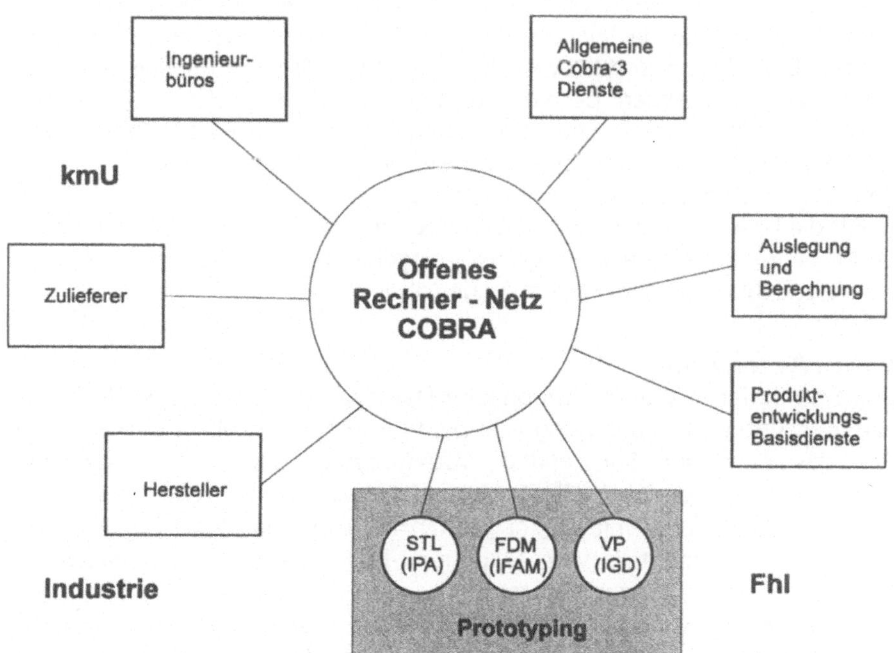

Abb. 3.4.9 Einbindung des Subszenarios Prototyping in ein offenes Rechner-Netz

Das Subszenario Prototyping innerhalb des Projekts COBRA-3 wurde von den Fraunhofer-Instituten Produktionstechnik und Automatisierung (IPA), Angewandte Materialforschung (IFAM) für den Themenbereich des Rapid Prototyping sowie Graphische Datenverarbeitung (IGD) für den Bereich des Virtual Prototyping erarbeitet.

Die im Rahmen dieses Subszenarios entwickelten bzw. integrierten Dienstleistungen sind in das offene Rechnernetz von COBRA-3 eingebunden (Abb. 3.4.9).

Neben den im Szenario entwickelten bzw. integrierten Dienstleistungen des Prototyping wurden zur Abbildung einer verteilten Produktentwicklung folgende Dienste genutzt:

- JointCAD
- Produktdaten-Transfer
- Multimedia Conferencing

Zur technischen Realisierung des Subszenarios Prototyping wurden bei jedem der beteiligten Partner je ein ISDN-IP-Router sowie X-fähige Endgeräte installiert.

Um die Dienstleistungen der DNU Prototyping nutzen zu können, muß mindestens ein ISDN-S_0-Anschluß (bis 128 kbit/s) vorhanden sein bzw. eingerichtet werden. Auf Kundenseite ist zudem entweder ein Rechner über einen Online-Dienst (T-Online) anzubinden oder ein ISDN-S_0-PC-Client einzurichten.

Für die Übertragung von CAD- und Digitalisierdaten, die Auftragserteilung sowie Email genügt der Einsatz von ISDN-S_0 in der Grundversion. Um beim Joint-CAD und dem interaktiven, verteilten Virtuellen Prototyping eine gute Performanz zu erreichen, ist mindestens die Leistung von ISDN-S_{2M} (1 Mbit/s) notwendig, da Graphik und Videodaten online übertragen werden. Dies wurde auch durch die während und nach der Erprobung der Systeme durchgeführten Befragungen von kmU bestätigt.

Für die Übertragungen dieser Daten werden als Protokolle TCP/IP, Euro-FTP und X genutzt, um so eine möglichst weitgehende Offenheit des Systems für die Einbeziehung weitere Partner zu gewährleisten.

Virtual Prototyping

Das Fraunhofer-Institut für Graphische Datenverarbeitung IGD stellt Techniken zum Virtuellen Prototyping (VP) bereit. Hierbei handelt es sich einerseits um das auch im Subszenario Strukturberechnung und betriebsfeste Bemessung eingesetzte *ISVAS*-System (Warenzeichen der Fraunhofer-Gesellschaft), welches mit VR-Endgeräten betrieben werden kann. Andererseits steht das ebenfalls vom Fraunhofer-IGD erstellte Virtual-Reality-(VR)-System *Virtual Design* zur Verfügung, welches für eine Nutzung über Netzwerke hinweg erweitert wurde und neben der visuellen Inspektion auch z.B. eine funktionale Analyse einzelner Bauteile oder Bauteilgruppen, Kollisionsüberprüfung und Strömungsvisualisierung in Echtzeit ermöglicht.

Ziel des virtuellen Prototypings ist die möglichst umfassende Untersuchung und Erprobung von Bauteilen und Bauteilgruppen nur aufgrund der in elektronischer Form vorliegenden Produktdaten und ohne die Notwendigkeit, ein materielles Modell erstellen zu müssen. Hierbei werden typischerweise schattierte 3D-Darstellungen von Bauteilen, Einbausimulationen mittels Kollisionserkennung, Strömungsuntersuchungen und dergleichen mehr in Echtzeit durchgeführt.

Eine Erprobung von VP-Funktionalitäten erfolgte mit einem Unternehmen in Wolfsburg. Die Ergebnisse waren sehr vielversprechend und weitere Erprobungen werden folgen.
Im Rahmen des Virtuellen Prototypings wird derzeit eine weitere Erprobung mit einem zusätzlichen Industriepartner vorbereitet. Hierzu werden IGES- sowie IDEAS-Dateien aufbereitet.

Zum Thema 'virtuelles Prototyping' sind auf der CD-ROM Ergebnisse sowohl des Virtual Design Systems als auch von ISVAS zu sehen.

Szenario 3: „Basisdienste für die Produktentwicklung"

Moderne Datenhaltung im Werkstoffbereich unverzichtbar

Entscheidend bei der Entwicklung und Erprobung innovativer Produkte ist, daß dem Konstrukteur zur Verwirklichung seiner Produktidee geeignete Werkstoffe zur Verfügung stehen. Daher sind auf die Funktionsweise des Bauteils zugeschnittene Materialeigenschaften schon fast eine Selbstverständlichkeit, um den hohen Qualitätsanforderungen zu genügen. Gerade in Bereichen der Hochtechnologie müssen extreme Leichtbauweise, Verschleiß- und Standfestigkeit, aber auch Hitzebeständigkeit und Formstabilität oft in gleichem Maße optimiert werden. Dazu ist in allen Branchen die Existenz einer modernen CAE (Computer Aided Engineering)-Umgebung notwendig. So existieren inzwischen für jede branchentypische Anwendung spezifische Werkstofflösungen. Ein zuverlässiger und schneller Zugriff auf alle verfügbaren Werkstoffe und deren Kennwerte ist hierbei entscheidend.

Bei der Auswahl eines Werkstoffes ist die große Datenmenge – aufgrund der verbesserten Hard- und Software – immer weniger ein Problem, sondern vielmehr die benutzergerechte Aufbereitung und Visualisierung der Daten. Erschwerend kommt der übliche Wildwuchs digitaler und konventioneller Datenhaltung hinzu. Sensible Werkstoffdaten finden sich beispielsweise in Ordnern mit Werksnormen, verteilt über das Unternehmen, wieder. Inkonsistente Datensätze müssen verglichen und überprüft werden. Die Suche nach der optimalen Werkstofflösung verschlingt so wertvolle Ressourcen. Durch die Verteilung von Entwicklungsarbeiten auf verschiedene Entwicklungszentren entsteht häufig Doppelarbeit bei der Forschung nach neuen Werkstoffen. Aufgrund einer fehlenden oder unvorteilhaften Systemschnittstelle ist die Integration von Werkstoffen in CAE-Systeme meist nur bedingt möglich.

Bei der Entwicklung wettbewerbsfähiger Produkte sind neue Datenhaltungskonzepte im Werkstoffbereich notwendig, um Datensicherheit und Datenqualität zu gewährleisten und um die Prozeßqualität zu erhöhen. Die

Anforderungen einer zeitgemäßen Werkstoffdatenverwaltung lassen sich wie folgt beschreiben:

- zentrale Administration und unternehmensweite Bereitstellung der Werkstoffdaten,
- Client-Server basierte Systemarchitektur,
- volle Integrierbarkeit der Werkstoffdaten in die unternehmensweite CAE-Umgebung,
- erweiterbare und modifizierbare Datensätze,
- Werkstoffdatenmanagement als wesentlicher Teil eines unternehmensweiten Qualitätssicherungskonzepts.

Am Fraunhofer-Institut für Arbeitswirtschaft und Organisation, IAO wurde ein Werkstoffinformationssystem entwickelt, das den Kern für die Umsetzung eines modernen Werkstoffdatenmanagements bildet. Basis dieser Werkstoffdatenbank ist ein relationales, kommerziell verfügbares Datenbanksystem, wodurch eine einfache Erweiterbarkeit des Datenbankschemas und eine leichte Wartbarkeit des Systems gewährleistet wird. In der Datenbank werden neben den Werkstoffdaten auch Bilddaten, wie z.B. Gefügebilder und Informationen über die Benutzer der Werkstoffdatenbank verwaltet. Das System unterstützt den Datenbankverantwortlichen neben der Vergabe von Passwörtern auch bei der Allokation von Zugriffsrechten. Dadurch wird die Datensicherheit im Mehrbenutzer betrieb gesichert. Softwareseitig wird die Datensicherheit durch ein integriertes Backup-System zur Laufzeit aufrechterhalten.

Die grafische Benutzeroberfläche ist von besonderer Bedeutung, da sie das Bindeglied für die Mensch-Maschine Interaktion darstellt. Nur über eine funktionierende Interaktion kann das Datenbanksystem voll ausgenutzt werden. Die Dialoggestaltung und Benutzerführung wurde entsprechend den neuesten Erkenntnissen aus der Softwareergonomie entwickelt. Individuelle Benutzereinstellungen lassen sich speichern, wobei neben Größe und Anordnung der Fenster auch die Darstellung von Werkstoffgrößen in den jeweiligen Tabellen modifiziert werden kann.

Individuell speicherbare Suchprofile erlauben standardisierte Abfragen von Werkstoffinformationen. Die Benutzerführung ist derart gestaltet, daß auch wenig geübte Anwender nach kurzer Zeit effektiv nach den von ihnen benötigten Informationen suchen können.

Durch die Integration der kompletten Funktionalität in die graphische Benutzeroberfläche, wie Speicherung, Verwaltung und Aufbereitung von Werkstoffdaten und Systemadministration sowie durch individuelle Konfigurierbarkeit der Datenbank ist gleichermaßen bei Benutzer und Systemverwaltung eine hohe Akzeptanz gesichert.

Die graphische Aufbereitung der Werkstoffdaten im Graphikmodul für die numerischen und funktionalen Kurvenverläufe gehört inzwischen zum Standard der meisten Werkstoffinformationssysteme. Im Gegensatz zu diesen Systemen bietet das vom IAO entwickelte Graphikmodul weiterreichende Möglichkeiten, um die Werkstoffdaten dem Nutzer individuell zu präsentieren. Die Integration empirisch ermittelter mathematischer Funktionen ermöglicht dem konstruktiv tätigen Ingenieur, aus den einzelnen gespeicherten Wertepaaren Vorhersagen und Abschätzungen zu treffen.

Für die schnelle Überprüfung bestimmter Sachverhalte in der Produktkonzeptionsphase gewinnt diese Funktion an Bedeutung. What-If-Fragestellungen können somit einfach und problemorientiert bearbeitet werden. Um Werte zu ermitteln, für die kein Eintrag in der Datenbank vorliegt, kann auf eine integrierte Interpolationsfunktion zurückgegriffen werden. Neben der Darstellung mehrerer unterschiedlicher Kurvenverläufe eines Werkstoffes ist auch die Darstellung eines Kennwertes mehrerer Werkstoffe möglich. Dies erleichtert den typischen direkten Vergleich von alternativen Materialien, um eine optimale Lösung zu finden. Die Abbildung von Gefügebildern im Grafikmodul ist ein Element, das vor allem für Werkstoffachleute von besonderer Wichtigkeit ist.

Für die software-technische Realisierung des Informationssystems wurde eine Client-Server-Architektur gewählt. Kern des Systems ist ein Datenbankserver, der auf das relationale Datenbanksystem ORACLE aufsetzt und die Materialinformationen speichert und verwaltet, die von den Werkstoffspezialisten des Unternehmens gepflegt werden.

Um Klein- und mittelständische Unternehmen (kmU) von administrativen Aufgaben zu entlasten, die mit einem zentralen Datenbankserver verbunden sind, bietet das Fraunhofer-IAO in Stuttgart an, dies als Fremdleistung zu übernehmen. Mittels Fernzugriff über ISDN kann das beteiligte Unternehmen auf den zentralen Server zugreifen. Dies hat neben dem geringen EDV-Aufwand auch den Kostenvorteil, daß keine eigene Lizenz für das Datenbanksystem gekauft werden muß. Der Betrieb, der seine Informationen einspeisen und verwalten will, benötigt nur einen Applikations-Client, der auf verschiedenen Workstations (IBM, HP, Sun) oder PC's installiert werden kann. Mit Hilfe dieses Clients können die Daten an den Server geschickt, dort gespeichert und wieder abgerufen und interpretiert werden.

Für jedes einzelne Unternehmen wird beim IAO in Stuttgart auf dem Datenbankserver Speicherplatz zur Verfügung gestellt. Weitere Unternehmen, die ebenfalls dort ihre Daten ablegen, haben aber keinerlei Zugriff auf Daten, die andere Unternehmen bereits auf dem IAOWIS Datenbankserver gespeichert haben.

Neben der eigentlichen Aufbereitung und Darstellung der Datenbankanfragen über die Benutzerschnittstelle und das Grafikmodul besteht durch spezielle Report-Funktionen die Möglichkeit, die Ergebnisse in unterschiedliche Formate zu konvertieren.

Für den Aufbau des Datenbestandes war es wichtig, einen Migrationspfad zu entwickeln, d.h. bereits bestehende Materialinformationen auf einfache Weise in die Datenbank zu integrieren. Für diese Aufgabe stehen den Werkstoffspezialisten verschiedene Werkzeuge zur Verfügung, um beispielsweise MS-Excel-Dateien in die Datenbank zu importieren.

Das beschriebene System läuft derzeit auf einer IBM-RS/6000-Workstation mit dem UNIX-Derivat AIX 3.2.5 als Betriebssystem. Für die Kommunikation wird das TCP/IP-Protokoll verwendet. Darauf aufbauend wird die Netzwerkschnittstelle für das ORACLE-Datenbanksystem (SQL*Net für TCP/IP) eingesetzt. Die Benutzungsschnittstelle wurde für X-Windows (hier AIX-Windows) realisiert und ist damit auf unterschiedliche Hardwareplattformen portierbar.

Verteilte Produktbibliothek über WWW

Im Rahmen des Subszenarios „Produktentwicklung-Basisdienste" hat das Institut für Produktionsanlagen und Konstruktionstechnik, IPK in Berlin die Aufgabe, eine verteilte Produktbibliothek zu entwickeln.

Zum Begriff „Produktbibliothek" existiert in der Fachwelt keine eindeutige Definition. Allgemein läßt sich eine Produktbibliothek als ein Informationssystem zur Speicherung produktbezogener Daten beschreiben. Dabei kann es sich um Daten aus den verschiedensten Stadien des Produktlebenszyklus handeln (z.B. Entwicklung/Konstruktion, Fertigung, Verkauf, Demontage).

Informationssysteme, die alle produktbeschreibenden Daten über den gesamten Lebenszyklus verwalten, befinden sich momentan noch in einem frühen Entwicklungsstadium. Die auftretenden Probleme sind vielfältig. So müssen geeignete Strukturen für die in Inhalt (Format), Komplexität und Umfang sehr unterschiedlichen Daten gefunden werden. Die Informationen befinden sich in den seltensten Fällen lokal an einem Ort, sondern sind vielmehr räumlich auf verschiedene Abteilungen und Außenstellen (Zweigwerke, Tochterunternehmen, Zulieferer usw.) und somit auf heterogene Computersysteme verteilt. Der Zugriff auf die Daten soll „online" und unabhängig von Ort und Zeit über LAN's und WAN's erfolgen können.

Eine Annäherung an die Lösung dieser sehr komplexen Anforderungen für ein verteiltes Informationssystem kann nur in kleinen Schritten erfolgen.

Am IPK wurde im ersten Schritt ein WWW-basierter Produktkatalog erstellt. Als Basis der Entwicklung diente der Wälzlagerkatalog der Firma SKF Kugellagerfabriken GmbH, der zur Zeit in Buchform bzw. auf Disketten oder CD-ROM an die Kunden ausgeliefert wird. Diese statischen Medien können die Anforderungen an die Aktualität der angebotenen Informationen nur noch in eingeschränktem Maße erfüllen. So sind beispielsweise dem Katalog keine Preisinformationen beigelegt, sondern müssen vom Lagerhersteller fernmündlich oder -schriftlich angefordert werden. Ein über Datennetze zugänglicher Online-Katalog könnte zu jeder Zeit die aktuellsten Produktinformationen bieten.

Der nicht zuletzt durch das T-Online-Angebot der Deutschen Telekom weit verbreitete Internet-Dienst World Wide Web (WWW oder W3) ist ein global verteiltes, hypermediales Informationssystem. Hypermediasysteme stellen eine Weiterentwicklung des Hypertext-Konzeptes dar. Der Begriff Hypertext wird als eine Verallgemeinerung des traditionellen Dokumentenbegriffs verstanden. Hypertextdokumente unterscheiden sich von herkömmlichen linearen Dokumenten dadurch, daß ihnen eine Netzwerkstruktur, der Hypergraph, zugrunde liegt. In dieser Struktur können beliebige Verbindungen (Links) zwischen den einzelnen Bestandteilen der Dokumente (Knoten) gezogen werden. Der Anwender traversiert durch das Netzwerk durch Anlegen und

Verfolgen der Links. Die Basiselemente Knoten und Link werden maschinell verwaltet und so wird die Traversierung vom System unterstützt. Der Zugang zum System erfolgt über eine grafische Oberfläche (den WWW-Browser). Die Knoteninformation wird in Fenstern dargestellt und das Anklicken eines Links mit der Maus löst die Verfolgung des betreffenden Links aus.

Die aus den Begriffen Hypertext und Multimedia entstandene Wortschöpfung Hypermedia verdeutlicht, daß neben Texten auch andere Medien, wie Bilder, Grafiken, Animationen, Videos und Ton verwaltet und miteinander durch Hyperlinks verbunden werden können.

Die vorliegende Katalogversion zur Vermittlung von Kenntnissen über die Auslegung von Wälzlagerungen und zur Unterstützung von Auswahlprozessen wurde in die Schwerpunkte Grundlagen, Berechnungen, Auswahlhilfesystem, Erzeugnistabellen und Bestellung gegliedert. Besonderes Augenmerk wurde dabei auf die Bereiche Berechnungen und Auswahlhilfe gelegt.

Die Berechnungen ermöglichen dem Konstrukteur die Bestimmung der erforderlichen Lagergröße und damit die Auswahl entsprechender Lager oder die Überprüfung des ausgewählten Lagers auf seine Verwendbarkeit hinsichtlich Belastung, Lebensdauer usw. Bei der Eingabe der Berechnungsparameter kommen Formulare zum Einsatz, die den Anwender intuitiv durch die Berechnungsprozeduren führen. Die eigentliche Berechnung findet in Skripts statt. Der Datenaustausch zwischen dem WWW-Server und den Skripts erfolgt über das Common Gateway Interface (CGI).

Das Auswahlhilfesystem soll den Anwender bei der Auswahl von Lagern aus Erzeugnistabellen unterstützen. Außerdem hat der Benutzer die Möglichkeit direkt aus dem System eine Bestellung an den Anbieter zu senden.

In einem weiteren Entwicklungsschritt wird der Produktkatalog zum Bestandteil eines generischen Produktdatenmanagement-Systems (PDMS). Die momentan noch produktspezifische Informationsstruktur der vorliegenden Katalogsversion kann dann leichter an andere Produktgruppen angepaßt werden.

Kontaktadresse

Fraunhofer-Institut für Angewandte Materialforschung, IFAM
Lesumer Heerstraße 36
28717 Bremen
Ass. Andreas Burblies
Tel.: 0421/6383-183
Fax: 0421/6383-190
Email: bur@ifam.fhg.de

3.5 Logistik

Dipl.-Inform. Sigrid Wenzel
Dipl.-Inform. Markus Simmer
Dipl.-Inform. Peter Wolf
Fraunhofer-Institut für Materialfluß und Logistik, IML
Dipl.-Inform. Rüdiger Kottkamp
ProTec GmbH, Dortmund

Die Logistik als Querschnittsfunktion innerhalb der Unternehmen und über die Unternehmensgrenzen hinaus zu Käufer- und Lieferantenmärkten verlangt mehr denn je eine hohe Kommunikationsbereitschaft seitens der Unternehmen. Vor allem das Ziel der kurzfristigen und optimalen Entscheidungsfindung für alle am Logistikprozeß beteiligten Partner verdeutlicht die Notwendigkeit der Markttransparenz einerseits und der termingerechten Präsenz von Information andererseits.

Einen praxisnahen Beitrag zur kooperativen Logistik stellt die „Logistik-Support-Börse" dar, mit deren Hilfe die Bündelung und Koordination unternehmensübergreifender Logistikaufgaben sowie die Bereitstellung flächendeckender Dienstleistungs- und Produktangebote möglich wird. Die Anwendungsdienste reichen von Anbieter- und Produktkatalogen über Vermittlungsdienste zur Unterstützung bei der Produktauswahl, bei der Angebotseinholung, bei der Bestellung sowie bei Vertragsverhandlungen bis hin zur Nutzung von Softwarewerkzeugen für die Logistikplanung und zur Unterstützung einer interaktiven Beratung (Tele-Consulting).

Neben einer Einführung in die Thematik stellt dieses Kapitel die Konzepte der im Rahmen des COBRA-3 Projektes vom Fraunhofer-Institut für Materialfluß und Logistik, IML, Dortmund, in Zusammenarbeit mit dem Fraunhofer-Institut für Informations- und Datenverarbeitung, IITB, Karlsruhe, und dem Fraunhofer-Institut für Arbeitswirtschaft und Organisation, IAO, Stuttgart, entwickelten Logistik-Support-Börse vor. Insbesondere werden die ersten Erfahrungen beim Einsatz des Werkzeugs innerhalb kleiner und mittlerer Unternehmen umrissen, wobei jedoch weniger die forschungsrelevanten Aspekte im Vordergrund stehen, sondern vielmehr die Praxisrelevanz anhand von Argumenten aus Unternehmersicht aufgezeigt werden soll.

3.5.1 Zukunftsorientierte Anwendungen in der Logistik

Die Globalisierung der Märkte und das überproportionale Wachstum international operierender Unternehmen bilden das Szenario für den Wettbewerb, in dem sich die kleinen und mittleren Unternehmen (kmU) behaupten müssen. Das Potential an Rationalisierungsmaßnahmen ist vielerorts bereits ausgeschöpft und reicht bei weitem nicht aus, um den veränderten Marktbedingungen gerecht zu werden.

Ein zentrales Thema vieler strategischer Überlegungen bildet deshalb die Suche nach Lösungsansätzen zur Stärkung der kmU-Erfolgsfaktoren Flexibilität, Innovation und Geschwindigkeit. In diesem Zusammenhang sind strategische Allianzen in Form von kmU-Netzwerken von besonderem Interesse, da diese die Möglichkeit eröffnen, größere Projekte durch die Zusammenschaltung individueller Kernkompetenzen bei gleichzeitiger Risikoverteilung auf mehrere Unternehmen zu bearbeiten.

Aus diesen Gründen sind heute im Gegensatz zu den vergangenen Jahren, in denen verstärkt die Aufgaben der Logistik innerhalb der Unternehmen bearbeitet wurden, insbesondere die Wechselwirkungen zwischen den Unternehmen sowie die unternehmensübergreifenden Abläufe Gegenstand der Logistik. Hierbei werden sowohl auf materialflußtechnischer als auch auf informationstechnischer Ebene die ganzheitliche Betrachtung der Logistikkette vom Lieferanten bis zum Kunden sowie die Einbeziehung außerbetrieblicher Infrastrukturen in die Entscheidungsprozesse eines Unternehmens berücksichtigt.

Um den zwischen Unternehmen bestehenden Informationsaustausch unter logistischen Aspekten effizient zu gestalten und die räumliche Entfernung zwischen den beteiligten Partnern bedeutungslos werden zu lassen, müssen an dieser Stelle Informations- und Kommunikationstechniken zum Einsatz kommen. Nur über diese Techniken können die verschiedenen Formen der Kommunikation von kooperierenden Unternehmen umgesetzt und gleichzeitig unternehmensübergreifende Problemfelder angegangen werden wie

- die Auslagerung von Teilaufgaben in ein anderes Unternehmen (Outsourcing), z.B. zur synergetischen Nutzung der Kernkompetenzen mehrerer Unternehmen innerhalb kooperativer Unternehmensverbünde,
- der Informationstransfer zwischen Teilnehmern innerhalb der logistischen Kette,
- die Nutzung von für das Unternehmen relevanten Informationsdiensten zur Schaffung eines offenen, wettbewerbsfähigen Handlungsrahmens, der Anbietern und Nachfragern eine verläßliche Entscheidungsbasis liefert, aber auch
- die unternehmensübergreifende Disposition von gemeinsam nutzbaren Ressourcen oder die gemeinsame Nutzung verschiedener Verkehrsträger.

3.5.2 Einsatz von Informations- und Kommunikationstechnologien in der Logistik – Stand der Technik –

Die Unternehmen stehen heute an einem Punkt, der durch die Integration von modernen Informations- und Kommunikationstechnologien gekennzeichnet ist. Dies bezieht die Betrachtung von Multimedia- und Mehrwertdiensten, die Berücksichtigung aktueller Standardisierungsbestrebungen zum Austausch von Dokumenten sowohl über unternehmenseigene als auch über weltweite Netze ebenso ein wie die Integration von asynchronen und synchronen Kommunikations- und Kooperationsformen.

Die Relevanz der Informations- und Kommunikationstechnik für die Logistik ist bereits vor mehreren Jahren erkannt und diskutiert worden ([3.5.1], [3.5.2], [3.5.4], [3.5.12], [3.5.14], [3.5.25]). Damit wurde und wird auch der Informationslogistik im „Zeitalter der Information" der entsprechende Stellenwert zugeordnet. Vor allem vor dem Hintergrund der kurzfristigen und optimalen Entscheidungsfindung nicht nur für das jeweilige Unternehmen selbst, sondern für alle am Logistikprozeß beteiligten Partner, wird die Notwendigkeit der Präsenz der Informationen im Sinne der Transparenz der logistischen Abläufe deutlich.

Betrachtet man darüber hinaus auch die gesamte Volkswirtschaft und deren Zielsetzungen hinsichtlich Ökologie und Ökonomie (Verbesserung des Verkehrsflusses, Energieeinsparung, Verringerung der Umweltbelastungen usw.) wird klar, welche Potentiale sich hinter der Informationslogistik verbergen (vgl. auch [3.5.15]). Unter Berücksichtigung dieser Sachverhalte wies Herr Pällmann von der Deutschen Bundespost Telekom schon auf den 11. Dortmunder Gesprächen im Oktober 1993 darauf hin, „ ... daß Inhalt, Einsatzfelder und Effizienz von Logistiksystemen künftig in noch höherem Maße durch Technik und Technologie der Telekommunikation determiniert werden." [3.5.17].

Anwendungen und aktuelle Entwicklungsaktivitäten

Die nach dem heutigen Stand der Technik vorhandenen Informations- und Kommunikationstechnologien beschränken sich auf die Bereitstellung von dedizierten Lösungen für Fragestellungen einer Branche oder eines Unternehmens oder den Einsatz von Werkzeugen für spezielle Applikationen. Hierzu zählen z.B. Systeme wie LOGIC, ein Kommunikationssystem für die Transportwirtschaft, Frachtsysteme wie MOSAIK für die Luftfracht oder dbh und DAKOSY für die Seefracht, Transport- und Hafeninformationssysteme sowie Rohstoffbörsen (vgl. [3.5.8], [3.5.23], [3.5.24], [3.5.19], [3.5.9]). Je nach Anwendungsfeld erlauben diese Systeme lediglich die reine Informationsbeschaffung, die Abfrage von Beständen oder Kapazitäten oder den Dokumentenaustausch in eingeschränkten Nutzerkreisen. So stehen z.B. bei den verschiedenen Industrie- und Handelskammern (IHK) der Städte Börsen zur Informationsbeschaffung zur Verfügung. Diese Börsen sind jedoch lediglich im Netz der IHK ansprechbar und nicht von außen zugänglich.

Neben diesen Systementwicklungen ermöglichen sogenannte Teleports den Unternehmen die Nutzung von Telekommunikationsdiensten; in Deutschland sind zur Zeit die Teleports Binnenhafen Duisburg und Mediapark Köln eingerichtet [3.5.11].

Zusätzlich gibt es Forschungs- und Entwicklungsprojekte, die sich losgelöst vom Anwendungsfeld der Logistik schwerpunktmäßig mit der Bereitstellung von Tele-Diensten [3.5.18] beschäftigen oder Tele-Dienste wie Tele-Kooperation in speziellen Anwendungen nutzbar machen. Als Beispiel sei hier das Programm POLIKOM genannt, das sich mit der Schaffung eines

Informationsverbundes Bonn – Berlin für ein verteiltes Regierungssystem auseinandersetzt [3.5.20].

Trotz dieser vielseitigen Aktivitäten ist gerade bei den kmU die Telekommunikation noch wenig verbreitet. Die Problemfelder liegen zum einen in den zum Teil nur sehr eingeschränkt zur Verfügung stehenden Lösungen und zum anderen in den fehlenden durchgängigen und ganzheitlichen Ansätzen. Defizite bezüglich der Kommunikation bestehen derzeit in folgenden Punkten [3.5.17]:

- durchgängiger Informations- und Datenaustausch zwischen dem Versender und dem Empfänger der Fracht und die Integration der Transporteure in den Informationsfluß,
- Integration verschiedener Frachtbuchungs- und Telekommunikationssysteme sowie die Verwendung durchgängiger Nachrichtenstandards,
- durchgängige Kommunikation bei der Planung, Buchung und Disposition von Transporten innerhalb des kombinierten Verkehrs sowie
- Verfolgung der Güter während der gesamten Transportdauer.

Ein erster weiterführender Ansatz ist mit dem Konzept des Euro-LOG (vgl. [3.5.13], [3.5.17]) geplant. Mittels eines übergreifenden Buchungs- und Steuerungssystems sollen die zur Zeit noch bestehenden Lücken in der Kommunikation zwischen Versender, Empfänger und logistischem Dienstleister, zwischen verschiedenen Transportsystemen und zwischen mobilen und stationären Einrichtungen innerhalb des Straßentransportes beseitigt werden.

Standardisierungsbestrebungen

Neben den im vorangehenden Kapitel aufgezeigten Entwicklungsaktivitäten werden desweiteren verstärkt Standardisierungsbestrebungen für den Bereich der kooperativen Logistik angegangen. Hierzu tragen nationale (z.B. VDA, DIN), europäische (z.B. European Committee for Standardization (CEN)), amerikanische (z.B. American National Standard Institute (ANSI)) und internationale (z.B. ISO, CCITT) Standardisierungs- und Normungsorganisationen bei. Ein für die Datenfernübertragung zwischen Unternehmen der Logistikkette dienender Standard ist der nach Branchen gruppierte Normenkatalog für Standardisierungen EDI (Electronic Data Interchange). Für die Automobilbranche gelten dagegen die Empfehlungen des Standardisierungsgremiums ODETTE für die Vereinheitlichung des Datenaustausches auf der Basis eines EDIFACT-Nutzungsrahmens (vgl. [3.5.26], [3.5.16]). Im Rahmen des ESPRIT-Forschungsprojektes »CMSO – CIM for Multi-Supplier Operations« (vgl. [3.5.7], das sich mit der Umsetzung einer Kommunikationsbox zur Übertragung, Aufbereitung und Analyse von EDI-Nachrichten für unternehmensübergreifende Anwendungen auseinandersetzte, wurde unter anderem ein EDI-Referenzmodell zur Unterstützung des Austausches technischer und wirtschaftlicher Daten entwickelt. Für den Dokumentenaustausch ist als weiterer internationaler Standard SGML (Standard Generalized Markup

Language – ISO 8879, vgl. [3.5.10]) zu nennen, der zur Strukturierung elektronischer Dokumente und ihrem unternehmensübergreifenden Austausch unabhängig von der jeweiligen Hard- und Softwarekonfiguration genutzt wird.

Desweiteren findet auch CALS (Computer Aided Acquisition and Logistics Support, vgl. [3.5.6]), das ursprünglich vom US-Verteidigungsministerium initiiert wurde, eine zunehmende Verbreitung in Europa. CALS ist eine Strategie zur Nutzung neuester Informationstechnologien und internationaler Standards zur elektronischen Informationsverarbeitung in gemeinschaftlichen Logistikprojekten und zielt vor allem darauf ab, daß komplexe Designdaten sowie technische Informationen elektronisch gespeichert und ausgetauscht werden, um Projektlaufzeiten zu verkürzen und eine Qualitätssteigerung zu erreichen.

Die weltumspannende Vernetzung zum Austausch multimedialer Informationen aller Kommunikationsformen über die unterschiedlichsten netzintegrierten Dienste bietet das TCP/IP basierte, weltweit nutzbare und offene Internet [3.5.22]. Neben den über das Internet verfügbaren Diensten wie telnet, ftp, Electronic Mail und News wird heute insbesondere World Wide Web (WWW) als Client-Server-Produkt zum Abfragen und Abholen von Informationen genutzt. WWW stellt ein weltweit verteiltes, hypermediales Informationssystem dar, dessen Dokumente durch die Beschreibungssprache HTML (Hypertext Markup Language) beschrieben und über das HTTP-Protokoll (Hypertext Transfer Protocol) ausgetauscht werden [3.5.21].

3.5.3 Die Entwicklung der Logistik-Support-Börse (LSB) im Rahmen des COBRA-3-Projektes

Eine innovative Weiterentwicklung in Richtung einer bedarfsorientierten informatorischen Durchdringung aller die Logistik betreffenden Prozesse wird über das im Rahmen des COBRA-3-Projektes in den vergangenen zwei Jahren entwickelte Konzept der „Logistik-Support-Börse" (LSB) geschaffen. Durch die Abstimmung auf die speziellen Belange der kmU wird die Akzeptanz dieses Kundenkreises erhöht; darüber hinaus werden neue Marktpotentiale ausgeschöpft und die Informationstechnologie einem breiten Kundenkreis zugänglich gemacht.

Ziele der LSB sind die Bündelung und Koordination des Informationsflusses für mehrere Unternehmen einer Region, einer Branche oder einer Logistikkette in bezug auf unternehmensübergreifende Logistikaufgaben sowie die Bereitstellung des zugehörigen Dienstleistungs- und Produktangebotes mit den jeweils erforderlichen Kommunikationsinfrastrukturen. Der konzeptionelle Ansatz einer „Börse" ermöglicht die Integration und flexible Nutzung bereits am Markt existierender, logistikrelevanter Dienstleistungen und Produkte, die von Unternehmen über die LSB angeboten werden.

Der LSB liegt ein mehrdimensionales Ebenenkonzept zugrunde, deren Ebenen unterschiedliche Anwendungsdienste repräsentieren, die einzeln oder in Kombination genutzt werden können (vgl. Abb. 3.5.1). Dazu zählen:

- die Bereitstellung technischer Dienste zum Betrieb der LSB sowie verwaltungstechnischer Dienste zur Nutzerverwaltung und zur Integration sicherheitsrelevanter und gebührentechnischer Dienste für die Nutzung der LSB (Ebene 0),
- das Anbieten von logistikspezifischen Informationsdiensten (Ebene 1),
- das Anbieten von Vermittlungsdiensten für die Geschäftsanbahnung, für die Geschäftsprozeßabwicklung und zur Abwicklung verschiedener Dienstnutzungsformen (Ebene 2 und 3) sowie
- die Bereitstellung von Tele-Consulting-Funktionen im Rahmen der Nutzung börsenspezifischer Vermittlungsdienste (Ebene 4).

Produkte, Informationen, Dienstleistungen und physikalische Ressourcen werden als „Börsenobjekte" definiert und über das Angebot- und Nachfrageprinzip bereitgestellt bzw. angefordert. Zur bedienerfreundlichen Anwendung der LSB ist die Verwaltung autonomer Nutzerklassen mit eigenen Kommunikationsstrukturen sowie eine angebots- bzw. nachfragespezifische Klassifizierung von Anwendern integriert. Dies ermöglicht die Konstituierung einzelner „Sub-LSB" z.B. für geschlossene Nutzergruppen als Teilkomponente der LSB mit speziellen Zugriffsrechten.

Ebene 4	Börsenobjekte • Ressourcen • Produkte (Waren/Werkzeuge) • Informationen	❑ Beratungsfunktionen zur Produktauswahl ❑ Beratungsfunktion zur Ressourcenauswahl (Disposition, Optimierung, Tourenplanung,...) ❑ Funktionen zur Informationssynchronisation
Ebene 3	Börsenobjekte • Dienstleistungen • Produkte (Werkzeuge)	❑ Nutzung der angebotenen Leistungen und Produkte per Netz
Ebene 2	Börsenobjekte • Dienstleistungen • Produkte (Ware/Werkzeuge) • Ressourcen	❑ Vermittlungsfunktionen mit • Angebotsanfrage • Angebotserstellung • Beauftragung • Vertrag • Rechnung
Ebene 1	Informationen über • Börsenobjekte (Ebene 2-4) • sonstige Börsen • sonstige Anbieter	❑ Auskunftsfunktionen ❑ Bereitstellfunktionen
Ebene 0	technische Struktur der LSB	❑ Verwaltungsfunktionen • Zugriffsberechtigung • Abrechnungsmodus • Rechnungsstellung

Abb. 3.5.1 Das Ebenenkonzept der Logistik-Support-Börse

Unternehmen können als Nutzer der LSB je nach ihren logistikrelevanten Aufgabenstellungen in wechselnden Rollen sowohl als Kunde als auch als Anbieter logistischer Dienstleistungen agieren. Das Konzept gibt keine Beschränkungen hinsichtlich eines Betreibermodells für die LSB vor. Als Betreiber für eine zukünftige kommerzielle Nutzung der LSB können z.B. kmU aus dem Logistikdienstleistungsbereich, ein zentraler Dienstleister eines Unternehmensverbundes oder auch Softwareunternehmen fungieren.

Die LSB ist als verteiltes System konzipiert und auf einem Server unter dem Betriebssystem Solaris 2.4 am Fraunhofer IML in Dortmund eingerichtet. Von seiten der Nutzer reicht ein über ISDN netzwerkfähiger PC zur Nutzung der LSB-Funktionalitäten aus. Die Implementierung der Bedienoberfläche basiert auf der World Wide Web (WWW)-Technologie, die von vornherein plattformübergreifendes Arbeiten ermöglicht. Durch das Aufsetzen von WWW auf dem TCP/IP-Protokoll ist auch der Betrieb über heterogene Netze wie lokale Ethernet- oder ISDN-Verbindungen möglich. Hierbei werden geeignete Browser (wie Netscape Navigator, Mosaic usw.) ohne spezifische Modifikation eingesetzt, die den Nutzern der LSB den Zugriff auf die angebotenen Dienste und Börsenobjekte ermöglichen.

Verwaltungstechnische Dienste

In der „Nutzer- und Diensteverwaltung" der LSB werden die Nutzer entsprechend ihrer Nutzungsrechte klassifiziert und mit den nutzerspezifischen Daten verwaltet, so daß eine gestaffelte Nutzbarkeit sämtlicher LSB-Funktionalitäten nach den individuellen Vorstellungen einzelner Nutzer oder Nutzergruppen möglich ist. Generell wird hierbei zwischen Gastnutzern, die nur auf allgemein zugängliche Informationen zugreifen können, und offiziell bei der LSB angemeldeten Nutzern unterschieden. Letzteren werden gemäß ihrer gewünschten Nutzungsformen über sicherheitstechnische Dienste entsprechende Nutzeridentifikationen und Zugriffsrechte zugewiesen, was einer individuellen Nutzerrolle eines Unternehmens entspricht. Darüber hinaus wird die Definition spezifischer, frei definierbarer Nutzerklassen ermöglicht, um z.B. konkrete Unternehmensverbünde zu konstituieren.

Die „sicherheitstechnischen Dienste" umfassen neben der Festlegung von Zugriffsberechtigungen auch Datensicherheitsmechanismen wie Verschlüsselungsfunktionen für den Schutz vor unberechtigtem Abhören von Informationen und ausgetauschten Dokumenten (Vertraulichkeit), Dienste zur Authentifikation von Personen sowie zur Signierung (elektronische Unterschrift) von Nachrichten bzw. Dokumenten. Diese Mechanismen stellen im Rahmen der Abwicklung des Geschäftsverkehrs über die LSB die Authentizität von Personen, die Verbindlichkeit einer Nachricht sowie ihre Unverfälschtheit (Integrität) sicher.

Über „Gebührendienste" besteht die Möglichkeit, auf der Basis verursachungsgerechter Abrechnungsfunktionen angefallene Gebühren zu dokumentieren (Accounting) bzw. in Rechnung zu stellen (Billing).

Logistikspezifische Informationsdienste

Das Informationsdienstleistungsangebot umfaßt – klassifiziert nach anwendungsorientierten Vorgaben – :

- allgemeine Informationen wie Firmendarstellungen, Hersteller- und Lieferantennachweise oder Informationen eines Verbandes wie z.B. Veranstaltungshinweise,
- textuelle und graphische Beschreibungen von Produkten und Dienstleistungen,
- Informationen über angebotene Leistungen (Informationen, Dienstleistungen, Produkte, Ressourcen) sowie
- Informationen über logistikrelevante Informationssysteme und -börsen und über deren Inhalte (somit auch über die LSB selbst).

Für die Bereitstellung (Eintragen, Löschen, Aktualisieren), die bedienerfreundliche Abfrage und die Verwaltung aller Informationen über Kunden und Anbieter sowie über Dienstangebote (Produkte, Software, Dienstleistungen und Ressourcen) steht ein elektronisches Katalogsystem zur Verfügung, mit dessen Hilfe Informationen in Form multimedialer HTML-Dokumente dargestellt werden können. Für das Bereitstellen von Informationen seitens der Anbieter ist eine Autorenumgebung integriert, welche die Erstellung multimedialer Dokumente ermöglicht. Gestaltung und Aktualisierung der Informationen liegen im Ermessen der jeweiligen Anbieter; das Fraunhofer IML unterstützt die Kunden auf Wunsch. Für einen gezielten Zugriff auf die Dokumente kann der Nutzer anwendungsspezifische Sachmerkmale und Schlagworte spezifizieren. Bei Bedarf können einzelne Seiten des Katalogs mit Zugriffsschutzmechanismen versehen werden, dazu stehen die volle Funktionalität der LSB-Nutzerklassen über die gestaffelte Nutzung sowie die sicherheitstechnischen Dienste zur Verfügung.

Vermittlungsdienste und Dienstnutzungsformen

Grundlage der Vermittlungsdienste ist ein Konzept zur flexiblen Strukturierung und Abwicklung von Geschäftsvorgängen zwischen Geschäftspartnern. Ein Geschäftsvorgang innerhalb der LSB wird über die beteiligten Partner und den Dienst, der vom Anbieter angeboten und vom Kunden genutzt wird, identifiziert. Ein derartiger Geschäftsvorgang ist in Anlehnung an einen Standardablauf in die einzelnen Geschäftsprozesse:

- Angebotserstellung,
- Beauftragung / Bestellung,
- Auftragsabwicklung,
- Rechnungsstellung und Mahnwesen

strukturiert und repräsentiert eine komplette Vermittlung zwischen Anbietern und Kunden (vgl. Abb. 3.5.2). Die Geschäftsprozesse können zu komplexen Geschäftsvorgängen verkettet werden; über die Berücksichtigung von Medienbrüchen steht den Partnern jedoch offen, auch einzelne

Geschäftsprozesse außerhalb der LSB abzuwickeln. Geschäftsdokumente wie Angebot, Auftrag, Rechnung, Lieferschein usw. können über die LSB direkt oder über nutzerspezifische Desktop-Publishing (DTP-) Softwareprogramme erstellt und über die Logistik-Support-Börse ausgetauscht werden. Die Vermittlungsdienste integrieren darüber hinaus die für die verschiedenen Arbeitsschritte notwendigen Kommunikationsdienste wie File-Transfer- oder Mail-Dienste.

Die von Nutzern aktuell über die LSB abgewickelten laufenden und noch nicht abgeschlossenen Geschäftsvorgänge werden über ausführliche Statusinformationen dokumentiert, so daß jeder Nutzer Transparenz hinsichtlich seiner Geschäftsaktivitäten erhält.

Da für bestimmte Börsenobjekte (z.B. Softwarewerkzeuge) in der LSB sowohl Kauf als auch Nutzung über Netz möglich sind, werden in Abhängigkeit von der Art des Dienstangebotes die Nutzungsformen Kauf und Nutzung unterschieden und auf den entsprechenden Angebotsdokumenten im Katalog vermerkt; interessierte Kunden können somit die von ihnen gewünschte Nutzungsform auswählen.

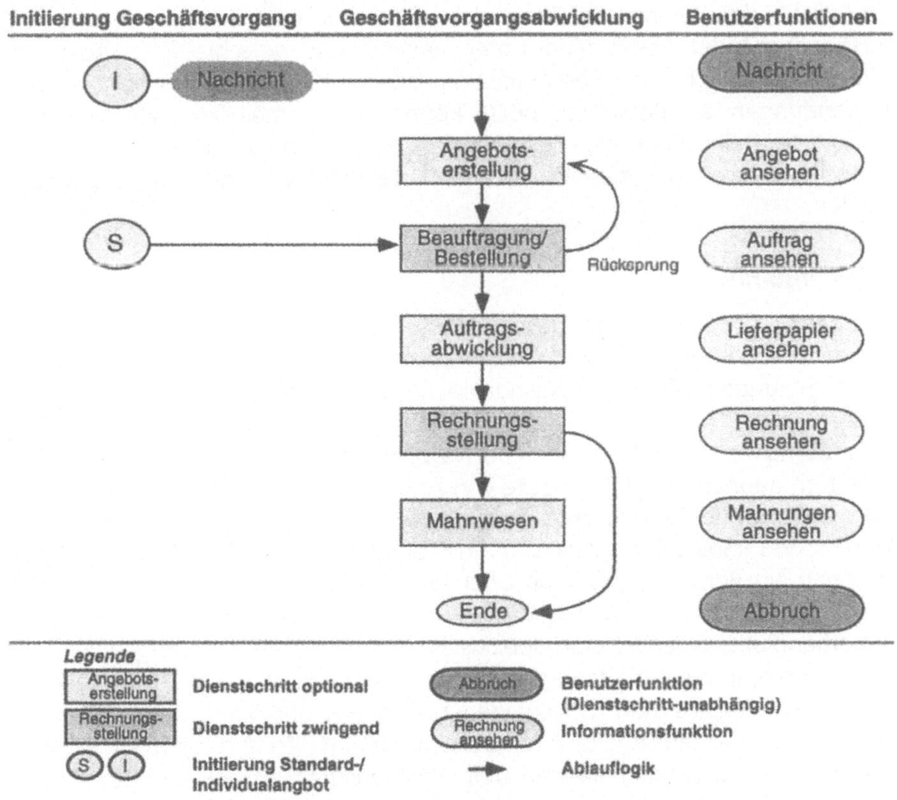

Abb. 3.5.2 Geschäftsvorgangsabwicklung in der LSB

Die Nutzung der Software per Netz erlaubt den Nutzern, Softwaretools von Anbietern über ein Rechnernetzwerk temporär „auszuleihen" oder Pflege- und Wartungsdienste für spezielle Datenbestände von Anbietern in Anspruch zu nehmen. Darüber hinaus ist die aus dem Internet bekannte Form eines „Download" von Softwaretools z.B. für vom Anbieter bereitgestellte Demo-Versionen von Softwareprodukten möglich. Zum jetzigen Zeitpunkt sind bereits einige Softwarewerkzeuge für die Fabrik- und Materialflußsimulation sowie aus dem Bereich Abfallwirtschaftsplanung in die Vermittlungsdienste der LSB integriert, die von interessierten Kunden über Netz genutzt werden können.

Desweiteren wird als zusätzlicher Vermittlungsdienst eine „Ressourcenbörse" angeboten, die ein informatorisches Poolsystem umfaßt, in dem logistikrelevante Ressourcen wie z.B. Transportmittel oder Transporthilfsmittel nach dem Prinzip von Angebot und Nachfrage disponierbar sind. Die Ressourcen werden innerhalb des Pools entsprechend ihrer Einsatzmöglichkeiten und spezifischen Eigenschaften klassifiziert und typisiert. Über die LSB können Anbieter ihre Ressourcenkapazitäten in einen von der Ressourcenbörse verwalteten Ressourcenpool einbringen und über einen Angebotskatalog potentiellen Kunden offerieren. Interessierten Kunden ermöglicht die Ressourcenbörse, sich die Angebote anzusehen und die Verfügbarkeit der Ressourcen unter Verwendung verschiedener Auswahlkriterien abzufragen und Ressourcenkapazitäten zu buchen. Als beispielhafte Anwendungen der Ressourcenbörse können die gemeinsame Nutzung von Transportmitteln innerhalb bestehender Unternehmensverbünde oder die Disposition von Lagerkapazität in einem mandantenfähigen Lager benannt werden.

Tele-Consulting

In Ergänzung zu den oben beschriebenen Diensten werden zur Zeit Funktionen für „Conferencing und Cooperation" in der LSB realisiert, um kooperative Sitzungen als Beratungsgespräche oder Vertragsverhandlungen zu unterstützen.

Beratungsgespräche sind von LSB-Nutzern initiierte kooperative Sitzungen, die Informationen der LSB, Dienste von Anbietern oder die Bedienung der LSB zum Gegenstand haben. Zwei Teilnehmer führen mit Hilfe einer verteilten Anwendung (Shared Application) und paralleler Audio-Verbindung (Video optional) ein Beratungsgespräch oder eine Diskussion über fachliche Inhalte durch.

Verhandlungen legen eine spezifische Form der Verhandlungsrollen von zwei Teilnehmern einer Sitzung zugrunde, in der mit Hilfe eines Shared-Application-Basisdienstes und verschiedener Conferencing-Werkzeuge Verhandlungen über Vertragsinhalte oder Dokumenteninhalte durchgeführt werden. Die einzelnen Sitzungen werden über Protokollmechanismen aufgezeichnet, um Kommunikationsabläufe für die Sitzung nachvollziehen zu können.

3.5.4 Erprobung der Börsenanwendungen bei kleinen und mittleren Unternehmen

Das Fraunhofer IML betreut derzeit sowohl die Anbieter von Dienstleistungen als auch potentielle Kunden der LSB durch:

- die Unterstützung bei der Informationsbereitstellung in der LSB,
- die Anpassung der Schnittstellen und die Integration anbieterspezifischer Softwaretools und
- die Einweisung in die neuen Technologien durch quartalsweise stattfindende Informationsworkshops.

und übernimmt darüber hinaus die Installation der erforderlichen Frontendsoftware bei den Kunden sowie die Sicherstellung des LSB-Betriebes.

Die aktiv in das Projekt involvierten Partner unterstützen das Fraunhofer IML durch die Bewertung der Softwarefunktionalität und darüber hinaus durch die Einbringung eigener Ideen und Anwendungen. Besonderer Wert wird in diesem Kontext auf folgende Aspekte gelegt:

- Evaluation der Telekommunikationsdienste im praktischen Einsatz,
- Validierung der LSB-Funktionalitäten,
- Untersuchung der Akzeptanz durch die potentiellen Anwender,
- Bewertung der erreichten Nutzenpotentiale für die Kunden und
- Abschätzung weiterer Einsatzfelder für die Telekommunikation.

Erste Ergebnisse der Evaluation beinhalten zum einen Trendaussagen zur Bewertung der Nutzung in den Unternehmen, zum anderen eine Bewertung der LSB durch die kmU aus strategischer Sicht.

Zur praxisgerechten Nutzung in den Unternehmen sind insbesondere die rechtliche Gültigkeit von Vertragsdokumenten und die Aspekte Datensicherheit und Datenschutz sowie die damit verbundene Archivierung von Geschäftsdokumenten entscheidend. Die kmU fordern, daß die rechtliche Grundlage für die Gültigkeit von Dokumenten eindeutig und für alle Geschäftspartner im Rahmen der LSB festgeschrieben und verbindlich sein muß. Dazu müssen entsprechende gesetzliche Grundlagen sowie geeignete softwaretechnische Verfahren existieren und anwendbar sein. Gleichermaßen sind Verfahren zur Gewährleistung von Datenschutz- und Datensicherheitsaspekten unabdingliche Voraussetzung, um seitens der Unternehmen die Geschäftsvorgänge über die LSB abwickeln zu können.

In diesem Zusammenhang sind auch Regelungen hinsichtlich Art, Dauer und Verantwortlichkeit der Archivierung von Geschäftsdokumenten zu vereinbaren und in das Konzept zu integrieren. Eine Transparenz gegenüber dem Betreiber der LSB im Hinblick auf unternehmensspezifische Daten ist seitens der Unternehmen nicht erwünscht. Hier müssen Maßnahmen zur Vermeidung des Zugriffs auf Unternehmensdaten sowie Regeln zur Archivierung integriert werden.

Desweiteren wird seitens der Unternehmen aufgrund des ausgeprägten Kostencontrolling der kmU Transparenz während der LSB-Nutzung für alle im

Rahmen der Anwendung anfallenden Kommunikationskosten gefordert. Dabei sind insbesondere Gebühren für Übertragungsraten und -mengen zu berücksichtigen (Gebühren- bzw. Einheitenzähler).

Aus der strategischen Bewertung seitens der Unternehmen lassen sich folgende Ergebnisse festhalten: Die mit dem Konzept der LSB verfolgten Zielrichtung wird seitens der Unternehmen als durchweg positiv eingestuft und als zukunftsorientierte Entwicklung bewertet.

Beispielsweise hat die ProTec GmbH als typischer kmU-Vertreter die Funktionalität und Effizienz der LSB im Rahmen des COBRA-3-Projektes insbesondere im Hinblick auf die Anwendung in ALROUND[1]-Netzwerkprojekten untersucht, in deren Abwicklung Defizite in der Effektivität und Effizienz organisatorischer und informatorischer Prozesse erkannt wurden. Verantwortlich hierfür ist das Fehlen eines leistungsfähigen Informations- und Kommunikationssystems, das die Anwender in den Firmen mit den erforderlichen Informationen versorgt und mit den jeweils notwendigen Kommunikationspartnern verbindet.

Bei ihren Untersuchungen hat die ProTec GmbH festgestellt, daß die LSB ein geeignetes Instrumentarium ist, um den organisatorischen Aufwand innerhalb von kmU-Netzwerken zu reduzieren und die Intensität der inhaltlichen Arbeit zu verbessern. Die enge Koordination und der rasche und umfassende Informationsaustausch zwischen den beteiligten kmU kann zu einer weiteren Steigerung der Flexibilität bei gleichzeitiger Kostenreduktion führen. Es ist zu erwarten, daß die Etablierung der LSB in Zukunft dazu führen wird, daß:

- sich die Anbahnung von kmU-Kooperationen vereinfacht,
- schneller der geeignete Kooperationspartner gefunden wird,
- die Projektabwicklung beschleunigt werden und
- durch effektivere Arbeit ein qualitativ besseres Ergebnis erzielt werden kann.

3.5.5 Nutzenpotentiale für die Industrie

Die Trends in bezug auf die Nutzung von Telekommunikationsdiensten in der Logistik sind eindeutig positiv, alle am COBRA-3-Kooperationsverbund beteiligten Unternehmen benennen, ohne zu zögern, eine oder mehrere Anwendungen, die sie im Sinne einer kooperativen Logistik über Netz abwickeln wollen. Mit der Zielsetzung der LSB wird ein erster Schritt in Richtung der Unterstützung der Unternehmen gegangen und ein umfangreiches

---

[1] Die Aktionsgemeinschaft für luft- und raumfahrtorientierte Unternehmen in Deutschland e.V. (ALROUND e.V.) ist ein seit 1989 existierender bundesweiter Zusammenschluß von kleinen und mittleren Unternehmen, die bereits kooperative Geschäftsbeziehungen unterhalten und eingebunden in Netzwerke ihre Wettbewerbsvorteile sichern und ausbauen wollen.

Instrumentarium auf der Basis moderner Telekommunikationsanwendungen zur Verfügung gestellt, um logistikrelevante Aufgabenstellungen durch den Einsatz von Telekommunikationsdienstleistungen effektiver und effizienter zu bewältigen. Daraus ergeben sich für Kunden der LSB Nutzenpotentiale wie:

- Verringerung der Zeit- und Kostenanteile für die Informationsübermittlung,
- Reduzierung des Aufwandes für die Datenerfassung,
- Erhöhung der Markttransparenz und damit Steigerung des Wettbewerbs,
- Verbesserung der Synchronisation der Logistikprozesse,
- Beseitigung der Kommunikationshemmnisse dezentraler Strukturen,
- Erhöhung der Transparenz des Materialflusses,
- Steigerung der Qualität der logistischen Leistung durch die Möglichkeit, basierend auf aktuellen und umfassenden Informationen, Systeme zur präventiven Qualitätssicherung aufzubauen,
- Erhöhung der Spezialisierung durch Outsourcing von Informationsbeschaffungsaufgaben,
- Nutzung von Synergieeffekten durch eine Konzentration der Informationsbeschaffung,
- Zugang zu bestehenden sowie Aufbau neuer Unternehmensverbünde.

Aus der Perspektive der Anbieter, die Informationen bzw. Dienstleistungen mittels Telekommunikation bereitstellen, liegt der Nutzen im wesentlichen in einer Erhöhung der Marktpräsenz und in der Möglichkeit, innovative Dienstleistungen und Produkte schnell verfügbar anzubieten und darüber hinaus Unternehmensverbünde effizient zu bedienen. Für Anbieter von Telekommunikationsdienstleistungen und Unternehmen, welche die technische Infrastruktur zur Verfügung stellen, ergeben sich positive Effekte in der Sicherung ihrer Marktposition und in der Erschließung neuer Märkte, die aus strategischer Sicht lebenswichtig sind.

3.5.6 Zukünftige Entwicklungsfelder

Der Kundenkreis der LSB wird zukünftig aus auf aktuelle Informationen angewiesene Partnern bestehen, die sich nicht nur informieren, sondern auch miteinander logistische Prozesse abwickeln wollen, ohne sich um technische Details zu kümmern. Vor diesem Hintergrund sind sowohl die bereits entstandenen bzw. zur Zeit entstehenden externen Informationsbörsen, Online-Dienste und Datenbanken z.B. der Ministerien des Bundes und der Länder, der Industrie- und Handelskammern sowie der Logistikverbände einzubeziehen und darüber hinaus die im Bereich der Logistik eingeführten und genutzten Standards zum Datenaustausch (z.B. EDI) zu berücksichtigen.

Um einen industriellen, praxisgerechten Einsatz der LSB zu forcieren, müssen u.a. folgende Verbesserungen und Weiterentwicklungen angestrebt werden:

- Durchgängige Unterstützung einer heterogenen Endsystemlandschaft mit Unterstützung aller gängigen PC-Plattformen,
- Erhöhung der Stabilität, Zuverlässigkeit und Wartbarkeit,
- Unterstützung einer vereinfachten Rechnerkonfiguration und Softwareinstallation bei den Kunden der LSB, (Die Konfiguration der ISDN- und der LSB-Schnittstelle bei einem Neukunden ist sehr personal- und damit kostenintensiv. Dieser Vorgang muß auf der Basis eines geeigneten Konfigurationswerkzeuges automatisiert durchgeführt werden.)
- Kommerzialisierung des Sicherheitskonzeptes und Schließen bestehender Sicherheitslücken,
- Einführung eines Dokumentenmanagement- und -archivierungssystems für die Geschäftsvorgangsverwaltung und
- Erweiterung des LSB-Konzeptes im Hinblick auf einen Verbund regional verteilter Logistik-Support-Börsen.

Neben den oben genannten funktionalen Erweiterungen und Verbesserungen sind organisatorische und konzeptuelle Maßnahmen zur Vorbereitung der Markteinführung wie die Erarbeitung eines marktfähigen Betreiber-, Infrastruktur- und Distributionskonzeptes zu treffen. Desweiteren sind den Unternehmen geeignete Einführungsstrategien an die Hand zu geben, um die ihrerseits in organisatorischer und technischer Hinsicht zu leistenden Aufwände für die Unternehmensführung zu quantifizieren und ggf. bestehende Risiken abzuschätzen.

Abschließend ist festzuhalten, daß mit dem Konzept der LSB ein zukunftsweisender Ansatz geschaffen wurde, um moderne Telekommunikationsdienstleistungen für den praktischen Einsatz nutzbar zu machen und einer breiten Zahl von Unternehmen den Weg zu neuen, innovativen Logistikkonzepten (virtuelle Unternehmen, Unternehmensverbünde usw.) zu ebnen sowie diese effektiv und effizient zu gestalten.

Kontaktadresse

Fraunhofer-Institut für Materialfluß und Logistik, IML
J.-von-Fraunhofer-Str. 2-4
44227 Dortmund
Dipl.-Inform. Sigrid Wenzel
Tel.: 0231/9743-237
Fax: 0231/9743-234
Email: wenzel@iml.fhg.de

3.6 Schulung, Training, Information

Dipl.-Inform. Elmar Borgmeier
Fraunhofer-Institut für Graphische Datenverarbeitung, IGD
Dipl.-Inform. Matthias Kloth
M.A. Claudia Köhler
Fraunhofer-Institut für Materialfluß und Logistik, IML

Der Bedarf an betrieblicher Aus- und Weiterbildung, die Anforderung hinsichtlich neuer Qualifikationen und die Anpassung an die wachsende Innovationsgeschwindigkeit neuer Technologien in der Wirtschaft gewinnen immer mehr an Bedeutung. Wissen ist damit zu einem der wichtigsten wirtschaftlichen Faktoren geworden, sodaß Unternehmen in der Zukunft nur bestehen können, wenn ihre Beschäftigten laufend neu dazulernen. Diese Erkenntnis führt zur Forderung nach praxisgerechter Schulung am Arbeitsplatz.

Die zur Zeit auf dem Markt befindlichen Lern- und Informationssysteme sind zumeist Standalone-Anwendungen und ermöglichen keine Kommunikation mit menschlichen Ansprechpartnern. Erst die Kombination von Kursen, welche die Vorteile multimedialer Wissensvermittlung effizient nutzen, mit der Expertenunterstützung und der Kommunikation mit anderen Schulungsteilnehmern, wie wir es in Seminaren oder Workshops gewohnt sind, bietet ein Gesamtsystem, das konventionelle Schulungsmethoden im professionellen Bereich erweitern kann.

Im Rahmen des COBRA-3 Projektes gelang es, ein solches Gesamtsystem zur Verfügung zu stellen, das insbesondere den Ansprüchen kleiner und mittlerer Unternehmen genügt. Das resultierende System *Schulung, Training, Information* (STI) beinhaltet die Entwicklung von Schulungskursen und deren Angebot über Netze mit heterogenen Plattformen und berücksichtigt dabei Themen wie Computergestütztes Training, fortschrittliche Lerntechnologie, Flexibles Lernen und Informationsabfrage. Hierbei werden innerhalb von vier Fallbeispielen *Kompetenzzentrum TeleBit*, *ASIC*, *Logistik* und *Entwicklung mit CAD-Systemen* Schulungskurse und Informationseinheiten an den beteiligten Fraunhofer Instituten entwickelt und über Computernetze den kooperierenden Unternehmen angeboten. Diese Schulungskurse vermitteln Wissen und Handlungskompetenz und unterstützen den Anwender bei konkret auftretenden Problemen der täglichen Arbeit, um Arbeitsabläufe zu beschleunigen.

Der Ablauf und die Steuerung der Sitzungen wird von Komponenten eines Lern- und Informationssystems unterstützt, wobei in Abhängigkeit von der Anzahl der Personen und der Charakteristik der Kommunikation zwischen den Lernkonzepten *Individuelles Lernen*, *Gruppenlernen*, *Individueller Unterricht* und *Verteilter Gruppenunterricht* unterschieden wird.

Die multimedialen Schulungs- und Informationsangebote werden in den einzelnen Fallbeispielen über große Entfernungen bereitgestellt. Zur Beherrschung der technischen Komplexität wurde eine modulare Architektur entwickelt, die durch Integration eines Kursserver-Basissystems, eines Tutorsystems und eines Frontends ein lauffähiges STI-System ergibt.

Die Ergebnisse der Erprobung haben ergeben, daß Lernen über Netz eine wichtige und sinnvolle Ergänzung zu herkömmlichen Lernmethoden darstellt. Lernen findet unabhängig von Raum und Zeit statt - ein großer Vorteil für Personen, die ihren Lernort selbst bestimmen oder sich ihre Zeit individuell einteilen wollen.

3.6.1 Neue Medien in der betrieblichen Weiterbildung

Der zunehmende internationale Wettbewerb und die rasche Verkürzung der Innovationszyklen hat die Bedeutung betrieblicher Qualifikationsmaßnahmen stark ansteigen lassen. Dies hat insgesamt zu einer Veränderung der Ausbildungsstrukturen und des Marktes für Aus- und Weiterbildung geführt. Hierbei spielt insbesondere das computergestützte Lernen eine wachsende Rolle, da es effiziente und gezielte Trainingsmöglichkeiten auf hohem didaktischen Niveau bietet. Für kleine und mittlere Unternehmen bieten sich besonders netzwerkbasierte Systeme mit der Möglichkeit aktueller Schulungen am Arbeitsplatz an.

Know-how als Schlüssel zum Unternehmenserfolg

Vor fünfzig Jahren waren Ausbildung in einem Beruf und Ausübung des Berufes in der Regel noch getrennte Phasen. Umschulung und Weiterbildung besaßen nur marginale Bedeutung. Diese Situation hat sich heute grundlegend geändert. Der schnelle technische und organisatorische Fortschritt zwingt Unternehmen und Mitarbeiter dazu, ihre Kenntnisse kontinuierlich zu erweitern und zu erneuern. Weiterbildung ist integraler Bestandteil der Berufsausübung geworden.

In jüngster Zeit hat sich die Bedeutung von Qualifikationsmaßnahmen für den Unternehmenserfolg noch verstärkt. Die 'Time to market'-Strategie entscheidet häufig über den mit einem Produkt erzielbaren Gewinn. Daher müssen Unternehmen in der Lage sein, innovative Entwicklungen rasch voranzutreiben und zur Produktreife zu bringen. Effiziente Informations- und Trainingssysteme sind dabei unerläßlich. Auch die Organisation der Unternehmen wandelt sich häufiger und tiefgreifender, um die Geschäftsprozesse möglichst optimal auf neue Marktbedingungen auszurichten. Dieser Wandel verändert Aufgaben und Zuständigkeiten der Mitarbeiter, die sich daher auf für sie neuen Gebieten qualifizieren müssen.

Eine effiziente, flexible und auf die Anforderungen des Unternehmens abgestimmte Weiterbildung wird damit zunehmend zu einem Schlüsselfaktor für das erfolgreiche Bestehen in sich wandelnden Märkten.

Die steigende Bedeutung der kontinuierlichen Schulung schlägt sich in verschiedenen Initiativen zur Unterstützung lebenslangen Lernens nieder: die Europäische Union hat in den Forschungsprogrammen DELTA und innerhalb des Vierten Rahmenprogramms die Entwicklung und den Einsatz von Systemen zum Distance Learning gefördert. 1996 wurde von ihr zum "Jahr des lebenslangen Lernens" erklärt. Auch der BMWI Report über "Die Informationsgesellschaft" prognostiziert einen festen Platz für die neuen Medien im Schulungsbereich.

Damit einher geht das Wachstum des Marktes für Anbieter von Schulungsdienstleistungen. Für 1995 wurden bereits 5 Mrd. US $ erwartet, mehr als etwa im Sektor Werbung ausgegeben wird. Aber die Erfolge der Anbieter von Schulungsdienstleistungen werden davon abhängen, wie weit sie den heutigen Anforderungen der Unternehmen an Training entsprechen. Hierbei kann computergestützte Weiterbildung einen entscheidenden Beitrag liefern.

Chancen durch computergestützte Weiterbildung

Mit den Arbeitsweisen und Organisationsstrukturen ändern sich auch die Bedingungen für adäquate Weiterbildung im Unternehmen. Als wesentliche neue Anforderungen lassen sich identifizieren:

- *Situationsbezogenes Training*: Bedarf an Weiterbildung entsteht zunehmend aus konkreten Fragestellungen heraus, zum Beispiel durch die Einführung eines neuen Produktes. Es kommt darauf an, diesen Bedarf schnell und an die konkrete Situation angepaßt zu decken.
- *Mitarbeiterpräsenz*: Heutige Organisationsformen schaffen breitere Zuständigkeitsbereiche für Mitarbeiter. Um so problematischer wird es, wenn Mitarbeiter aufgrund einer Schulung in einem dieser Bereiche Tage oder Wochen abwesend sind. Weiterbildung muß sich in einem dynamischen Arbeitstag flexibel einpassen.
- *Unterstützung des Wissenstransfers*: Externe Seminare sind häufig zu schematisiert, viele Teilnehmer können daher das Gelernte nur unzureichend auf die eigene Arbeit übertragen. Die klassische Seminarform ermöglicht nur begrenztes Eingehen auf die einzelnen Teilnehmer, insbesondere bei externen Seminaren stellt sich schnell eine zu große Distanz zwischen erworbenem und benötigtem Wissen ein.
- *Aktualität*: die angebotenen Informationen müssen up-to-date gehalten werden.
- *Kosteneffizienz*: Weiterbildungsangebote müssen im Qualitäts- und Kostenvergleich mit konkurrierenden Angeboten bestehen.

Computergestützte Weiterbildung kann hier wesentliche Beiträge liefern. Sie wird klassische Formen nicht ersetzen, aber in erheblichem Umfang sinnvoll ergänzen können. Multimediale, netzwerkbasierte Schulungen bieten:

- *Just-in-Time-Training*, da der Zugang zu verschiedensten Kursen online schnell und einfach möglich ist. Die Nutzer bestimmen die Zeitpunkte des Lernens selbst.

- *In-Place-Training*, bei dem Lernen am Arbeitsplatzrechner stattfindet. Damit ist es möglich, die Lernphasen flexibel in den Arbeitsablauf einzupassen. Die von externen Schulungen bekannten langen Abwesenheitsphasen entfallen.
- *Effektiver Wissenstransfer*: Da Lern- und Arbeitsprozesse immer mehr zusammenfallen führt die Verbesserung der Lernsituation und -umgebung direkt zu einer Verbesserung der Arbeitsprozesse. Bei computernahen Schulungsthemen ergeben sich zusätzliche Vorteile: bei einem Kurs zur Nutzung eines komplexen CAD-Programmes können etwa die Übungen direkt am Arbeitsplatz mit der realen Arbeitsumgebung durchgeführt werden anstatt mit der Modellinstallation eines Schulungsanbieters.
- *Aktuelle Informationen*, da die Kursinhalte sofort nach ihrer Aktualisierung allen Kursnutzern in der neuen Form zur Verfügung stehen. Die von Printmedien und CD-ROMs bekannten Vorlaufzeiten entfallen.
- *Kosteneffizienz*, da Kosten für Anfahrt und Übernachtung entfallen, und die Ausfallzeiten der Mitarbeiter durch die bessere Einpassung der Lernphasen in den Arbeitsablauf verringert werden.

Weitere Vorteile sind die hohe Lerner-Motivation, die mit interaktivem Kursmaterial erzielt werden kann, sowie die Möglichkeit zur Visualisierung dynamischer Vorgänge durch Videomaterial und Simulationen. Dies kann insbesondere das Verständnis für Prozeßverhalten und komplexe Zusammenhänge fördern.

Trotz dieser anerkannten Vorteile netzwerkbasierter, multimedialer Schulungen wurden die Potentiale bisher nur zu einem geringen Teil genutzt. Die Kritik am Lernen mit neuen Medien bezieht sich vor allem auf folgende Punkte:

- *Hohe Aufwände für das Erstellen von Kursen*: Noch 1995 stellte ein Gutachten des VDI/VDE im Auftrag des Büros für Technikfolgenabschätzung beim Deutschen Bundestag fest, "...daß der Aufwand für eine didaktisch anspruchsvoll gestaltete Courseware außerordentlich hoch ist. Zur Erstellung einer Programmstunde muß heute ein Aufwand von etwa 400 Programmierstunden eines qualifizierten Autors gerechnet werden. [...] Besonders schwer wiegt, daß man kaum - im Sinne einer Bibliothek - vorhandene Kurselemente wiederverwenden kann. Das bedeutet, daß jede Weiterentwicklung praktisch eine Neuentwicklung darstellt. So stehen derartige Programme stets in dem Zielkonflikt, breit genug zu sein, um größere Adressatenkreise anzusprechen (wegen der Kosten), andererseits aber spezifisch genug zu sein für die Lernbelange des einzelnen Nutzers [3.6.1].
- *Mangelnde didaktische Konzeption der Kurse*: Viele Vorbehalte gegenüber der computerunterstützten Weiterbildung richten sich gegen die zugrunde liegenden didaktischen Modelle. In der Tat beruhen heute verbreitete Systeme häufig noch auf Konzepten wie programmiertem Lernen oder Instruktionsdesign, die in den 60er Jahren entstanden und überholt sind. Gefordert ist eine Orientierung an einem zeitgemäßen Begriff des Lernens: "Lernen ist ein individueller, entdeckender [...] Prozeß. Üben ist wieder-

holtes Lernen und nicht Drill. Lernen nach dem Modell der 'Instruktion', nachdem Wissen dann vorhanden ist, wenn es umgefüllt wurde, gehört abgeschafft. Lernen ist ein Selbstorganisationsprozeß, in dem Wissensnetze neu aufgebaut, umgeordnet oder erweitert werden. Und individuelles Lernen geschieht durch Interpretieren und Bewerten [...] auf der Basis des vorher Gelernten [3.6.2]. Ein weiteres Problem liegt in der Gleichsetzung von 'informieren' und 'lernen'. Offene Informationssysteme, die keine didaktischen Modelle unterstützen, führen häufig eher zu einer Verwirrung der Nutzer durch ein Übermaß an angebotenen Inhalten und einen Mangel an Strukturierungshilfen.

- *De-Sozialisation des Lernens*: Von verschiedenen Seiten wurde die computergestützte Weiterbildung dahingehend kritisiert, daß sie die Rolle des Seminarleiters und die Bedeutung der Diskussion mit anderen Teilnehmern unterschätzt. Sie fördere damit eine Isolation des Lernens, bei der Verständnisprobleme unentdeckt oder unberücksichtigt bleiben. Die Fähigkeit, das Gelernte gegenüber anderen zu vertreten, wird nicht trainiert und so der Wissenstransfer in die Arbeitsabläufe erschwert.

Diese Kritikpunkte an der computerunterstützten Weiterbildung sind bei der Entwicklung der Systemplattform im COBRA-3 Projekt gezielt adressiert worden. Es wurde Lösungen angestrebt, die insbesondere die spezifischen Anforderungen kleinerer und mittlerer Unternehmen berücksichtigen.

Der Einsatz in kleineren und mittleren Unternehmen

Die Konzepte zur Mitarbeiterentwicklung in kleinen und mittleren Unternehmen unterscheiden sich von denen großer Konzerne. Der Kostenrahmen ist häufig enger, die Mitarbeiterpräsenz besitzt noch höhere Bedeutung. Zu Beginn des COBRA-3 Projektes sowie nach Abschluß der Pilotphase wurde daher eine Evaluation der spezifischen Anforderungen der Partner-Unternehmen an die computergestützte Weiterbildung durchgeführt. Die Studien zeigen, daß die Unternehmen in erster Linie eine Verbesserung der Ausbildungsqualität erwarten, und weniger auf eine Kostensenkung setzen. Die computergestützte Weiterbildung schließt eine Lücke zwischen Printmedien und Seminaren.

Kleine und mittlere Unternehmen erwarten vor allem, daß der Arbeitsprozeß dahingehend unterstützt wird, daß konkret vorliegende Arbeitssituationen sowie neuartige Arbeitsaufgaben besser bewältigt werden. Allgemeinere Schulungen (z.B. zur Sozialen Kompetenz) besitzen geringere Bedeutung. Die Anforderungen an die Flexibilität des Lernens sind hoch. Lernen soll zu Hause und am Arbeitsplatz stattfinden können, die Lerngeschwindigkeit soll individuell anpaßbar sein. Auch auf die individuelle Zusammenstellung der Lerninhalte wird großer Wert gelegt.

Der Möglichkeit, einen menschlichen Experten im Bedarfsfalle als Berater hinzuziehen zu können, wird sehr große Bedeutung beigemessen. Wichtig ist zudem die Unterstützung des gemeinsamen Lernens von Arbeitsteams in fester Zusammensetzung an eventuell verschiedenen Standorten. Durch eine derartige Unterstützung von Kooperation und Gruppenarbeit wird auch eine Zunahme organisatorischer Qualität erhofft.

Die Unternehmen erwarten vom elektronischen Marktplatz, daß die Angebotsvielfalt durch eine für sie geeignete Lösung transparent gemacht wird. Dies können Einzelanbieter nur unzureichend leisten. Es ist daher ein Service-Provider erforderlich, der computergestützte Weiterbildung als Dienstleistung anbietet.

3.6.2 Multimediales Online-Training im virtuellen Schulungszentrum

Im Teilprojekt "Schulung, Training, Information (STI)" von COBRA-3 ist die gesamte Wertschöpfungskette im Bereich der computerunterstützten Weiterbildung analysiert und gestaltet worden.

Die Realisierung des STI-Konzeptes umfaßt die Installation eines Virtuellen Schulungszentrums als Service-Provider, die Bereitstellung der Beratungsleistung für Kursnutzer, die Erstellung von Kursen und vor allem die Entwicklung einer innovativen Systemplattform zur Realisierung anspruchsvoller Lernszenarios.

Das Virtuelle Schulungszentrum ist über den elektronischen Katalog der COBRA-Plattform realisiert und ermöglicht den Online-Zugang zu den vorhandenen Kursen. Die Beratungsleistungen wurden im Rahmen des Projektes von den beteiligten Fraunhofer-Instituten für die jeweiligen Partner-Unternehmen erbracht. Die Institute haben auch die Kurse zu ihren Kompetenzgebieten erstellt. Als technische Plattform für Autoren und Kursnutzer wurde eine modulare Architektur im Sinne einer verteilten Schulungsumgebung realisiert, das *M*odulare *T*rainings *S*ystem *MTS*.

Referenzmodell für kleine und mittlere Unternehmen

Im Rahmen der Arbeiten wurde das Referenzmodell eines Dienstleistungskonzeptes für computergestützte Weiterbildung entwickelt, erprobt und evaluiert. Dabei sind die teilnehmenden Unternehmen während der Projektlaufzeit zunächst als Nutzer aufgetreten. Mittelfristig sehen die beteiligten Unternehmen sich aber auch in der Rolle des Service-Providers.

Besondere Bedeutung hatte hier die technische Realisierung der verteilten Schulungsumgebung MTS, die bekannte Restriktionen von computerbasierten Lernsystemen überwinden und die spezifischen Anforderungen von kmUs adressieren sollte.

Insgesamt wurde damit eine Basis für die breitere und effizientere Nutzung computerunterstützter Weiterbildung durch kmUs geschaffen, die durch die Kooperation mit kmUs als Schulungsanbietern bis zur Produktreife weitergeführt werden kann.

Das Modulare Trainingssystem

Das Modulare Trainingssystem MTS ist eine Plattform für den integrierten Online-Zugriff auf multimediale, benutzeradaptive Kurse und Mechanismen zur Kommunikation und Kooperation.

Das MTS realisiert einen hohen Grad an technischer und inhaltlicher Flexibilität: es wurde speziell für heterogene Systemwelten ausgelegt, um Lernen am eigenen Arbeitsplatz in der gewohnten Betriebssystem-Umgebung zu ermöglichen. Zeitpunkt und Zeitrahmen der Kursnutzung sind frei wählbar. Die modulare Kursstruktur erlaubt zielorientiertes Lernen zu spezifischen Fragestellungen der Benutzer.

Weiterhin werden neuartige Konzepte realisiert, um die Benutzerakzeptanz der computerunterstützten Weiterbildung zu erhöhen.

Reduktion des Aufwands für die Kurserstellung

Das MTS verwendet zwei Ansätze zur Senkung der Kurserstellungs-Kosten: die mehrfache Nutzung von Material innerhalb eines Kurses, sowie die Wiederverwendung des Materials für neue oder weiterentwickelte Kurse. Diese Ansätze werden durch eine hochgradig modulare Kursstruktur realisiert, der sowohl eine vernetzte als auch eine hierarchische Strukturierung der Basiseinheiten zugrundeliegt. Das MTS unterscheidet zwischen *Kursinhalten, Kurslayout* und *Kursstruktur.* Diese drei Ebenen werden unabhängig voneinander entworfen und können unabhängig wiederverwendet werden. Kursinhalte sind multimediale Materialien, die mit Standardeditoren erstellt werden. In der Autorenumgebung des MTS werden die Kursstrukturen definiert. Bei der Erstellung eines neuen Kurses können existierende Kursinhalte direkt in die neue Struktur eingebunden werden. Die Problematik mangelnder Wiederverwendbarkeit von Kursmaterialien ist damit erfolgreich angegangen worden.

Benutzeradaptive Kursstrukturen

Das MTS bietet den Nutzern die Möglichkeit, über die Auswahl von Lernzielen auf verschiedenen Abstraktionsebenen die Schulungsinhalte selbst zu bestimmen. Das System stellt dann auf der Basis didaktischer Regeln eine Sequenz von Einheiten zusammen, die diesem Benutzer zu dem Lernziel präsentiert werden. Dabei werden verschiedene Lernstile (etwa deduktives Lernen versus induktives Lernen) ebenso beachtet wie das Vorwissen des Nutzers. Spezielle Lernkontrollen geben den Lernenden Feedback über ihr Verständnis der Inhalte und erlauben dem System, das Nutzerprofil an den aktuellen Wissensstand anzupassen. Damit wird erreicht, daß sich das System an die Lernenden anpaßt und nicht umgekehrt. Der ziel-orientierte Ansatz unterstützt den Vorgang des Lernens als Selbstorganisationsprozeß, in dem die individuellen Herangehensweisen und Lernstile des Nutzers die Hauptrolle spielen. Dabei werden drei Modi unterstützt, die die Selektion von Lerneinheiten in unterschiedlichem Maße dem Benutzer oder dem System überlassen: *Benutzergeführte Sitzungen* erlauben den größten Freiheitsgrad für die Benutzer, *tutorgeführte Sitzungen* bieten weitergehende automatische Adaption des Kurses und die *Guided Tour* überläßt die Kurskonfiguration ganz dem System.

Unterstützung von Lernszenarios mit Mensch-Mensch-Interaktion

Das MTS beschränkt sich nicht auf die möglichst benutzergerechte Gestaltung der Mensch-Maschine-Interaktion, sondern realisiert darüber hinaus kursbezogene Mensch-Mensch-Interaktionen. Damit lassen sich verschiedene Lernszenarios unterstützen, die über das konventionelle computergestützte Selbstlernen hinausgehen:

- Interactive Tutoring
- Group Learning

Beim *Interactive Tutoring* kann ein Kursnutzer zu einem beliebigen Zeitpunkt einen menschlichen Experten als Berater hinzuziehen. Das System baut dann eine Kommunikationsverbindung zum Experten auf, wobei auf verschiedene Kommunikationskanäle einschließlich Videoconferencing zurückgegriffen werden kann. Der Nutzer kann Fragen zum Kursinhalt mit dem Experten besprechen und die Möglichkeit des Kurs-Sharing nutzen, um dem Experten seinen aktuellen Bildschirminhalt zu präsentieren und dann gemeinsam zu interagieren.

Beim *Group Learning* wird das gemeinsame Lernen eines Arbeitsteams unterstützt. Auch hier können die Gruppenmitglieder Kommunikations- und Sharing-Mechanismen nutzen, um Fragen zu klären. Darüber hinaus mußten aber Methoden gefunden werden, um die Individualisierung der Kurse mit den Anforderungen koordinierten Gruppenlernens in Einklang zu bringen. So ist es jetzt möglich, ein gemeinsames Lernziel für alle Gruppenmitglieder zu wählen. Das System erzeugt dann eine Sequenz von Einheiten unter Berücksichtigung der verschiedenen Benutzerprofile, die allen Gruppenmitgliedern zugeleitet wird. Damit ist sichergestellt, daß ein hinreichendes Maß an Gemeinsamkeit bei der Kursnutzung besteht. Die Bearbeitung des Lernziels oder eines Teilziels führt jeder Teilnehmer individuell und seinem Lerntempo entsprechend durch. Die Gruppenmitglieder können auch jeder für sich die interaktiven Kursmaterialien zum explorativen Lernen nutzen. An bestimmten Synchronisationspunkten, die vom Kursautor vorgesehen sind, wird die Gruppe jedoch wieder zusammengeführt und erarbeitet gemeinsam Fragestellungen zum Abgleich des Verständnisses und Austausch der Meinungen.

Durch die Unterstützung der Szenarios mit Mensch-Mensch-Interaktion begegnet das MTS wirkungsvoll dem Problem der De-Sozialisation des Lernens durch Multimedia. Außerdem werden speziell die Anforderungen kleinerer und mittlerer Unternehmen nach Beratung bei Bedarf und die Unterstützung von Arbeitsteams erfüllt.

Das MTS wurde den Anforderungen kleiner und mittlerer Unternehmen an die computerunterstützte Weiterbildung angepaßt und leistet so einen Beitrag zur Durchsetzung des Konzepts in der betrieblichen Praxis. Bevor die technische Realisierung des MTS genauer dargestellt wird, soll jetzt zunächst der Einsatz in den verschiedenen Anwendungsbereichen des Projektes präsentiert werden.

3.6.3 Lern- und Informationsumgebungen

Angebot an Kursen

Die Anwendungsbereiche, in denen das System eingesetzt und evaluiert wurde und für die entsprechende Kurse entwickelt wurden, umfassen die ganze Bandbreite technischer Disziplinen. Zielgruppen in allen Anwendungsbereichen sind die Mitarbeiter und Anwender, die in kleinen und mittleren Unternehmen dem oben beschriebenen Anspruch der ständigen Weiterbildung in ihrem Aufgabenfeld gerecht werden müssen. Bei den Kursen handelt es sich im einzelnen um die Themenbereiche:

- *Kompetenzzentrum Tele-BIT*, bei der sich kleine und mittlere Unternehmen beispielsweise in der Thematik Qualitätsmanagement informieren und weiterbilden können,
- *ASIC-Entwurf*, dem Entwurf integrierter Schaltungen mit einem ersten Schwerpunkt "Field Programmable Gate Arrays",
- *Logistik*, bei der insbesondere das Thema Simulation in Produktion und Logistik vermittelt wird (s.u.) sowie
- *Rechnergestützte Produktentwicklung - CAD*, in dem das Wissen zu allen Phasen der Produktentwicklung unter schwerpunktmäßiger Betrachtung von Rechneranwendungen vermittelt wird.

Exemplarisch wird im folgenden der Anwendungsbereich Logistik näher beschrieben.

Logistik

Im Bereich von *Produktion und Logistik* müssen Unternehmen sich immer wieder aufgrund der Entwicklung moderner Technologien neuen Anforderungen stellen und können auf den Nutzen der Simulationstechnik nicht verzichten. Die Simulation hat sich als zentrales, unverzichtbares Hilfsmittel herauskristallisiert, um Neuerungen oder Änderungen von Produktionsstätten, Produktionsmethoden, Geschäfts- oder Logistikprozessen im Vorfeld zu bewerten. Mit ihrem Einsatz wird das kostengünstige Experimentieren am Modell einer geplanten Anlage ermöglicht und der Anwender kann mittels der Simulationsergebnisse komplexe Zusammenhänge zwischen Ursache und Wirkung verstehen und analytisch schwer faßbare Vorgänge bewerten. Dabei ist die Simulationstechnik in vielen Bereichen anwendbar, z.B. in der Dimensionierung und Gestaltung von Materialflußsystemen und der anschließenden Prüfung der Funktionalität, im Einsatz als Testumgebung für neu zu entwickelnde Steuerungssoftware und auch in der Nutzung von Simulationsmodellen als Komponenten von Betriebsleitständen.

Der steigenden Bedeutung der Simulationstechnik stehen unzureichende Schulungsmaßnahmen zu diesem Themengebiet gegenüber. Im Zusammenhang mit dem bei der Simulationstechnik benötigten Computertechnik bietet sich der Einsatz des computergestützten Lernens für die Vermittlung der Anwendung von Simulation an.

Das Fraunhofer Institut für Materialfluß und Logistik in Dortmund entwickelt einen Kurs zum Thema Simulation mit Schwerpunkt im Bereich Logistik. Ziel ist die Erstellung einer computergestützten Lernumgebung zur Vermittlung von Wissen über den Bereich *Simulation in Produktion und Logistik*. Zukünftige Simulationsanwender werden an die angemessene Modellierung und korrekte Parametrisierung eines logistischen Systems herangeführt und ihnen werden Kenntnisse über die Möglichkeiten und Interpretationen der Simulationsergebnisse vermittelt. Nach Ablauf des Kurses sollen die Teilnehmer Simulationsprojekte richtig abschätzen und effizient durchführen können.

Um Benutzern den Einstieg in die komplexe Materie zu erleichtern, werden verschiedene Medien miteinander kombiniert. Schwerpunkt liegt zwar auf der textuellen Beschreibung, die jedoch soweit wie möglich durch Grafiken, Animationen und Sounds aufgelockert wird. Durch die Visualisierung können vor allem komplexe Prozeßabläufe klar dargestellt und veranschaulicht werden. Die Wissensinhalte vermitteln dem Schulungsteilnehmer spezifisch für den *Bereich Produktion und Logistik*:

- eine Übersicht über die Methode Simulation
- eine Vertrautheit mit der simulationsspezifischen Fachterminologie
- eine Entscheidungskompetenz über einen Simulationseinsatz und
- eine Unterstützung für die Begleitung einer Simulationsstudie.

Zielgruppe für den Logistik-Kurs ist die kaufmännische oder technische Führungskraft, die sich über den eventuellen Einsatz der Simulation in ihrem Unternehmen informieren möchte. Der typische Anwender ist der zukünftige Projektleiter bei einem Unternehmen, das die Beauftragung einer Simulationsstudie erwägt. Eine Rechnervertrautheit,. d.h. eine gewisse Routine im Umgang mit einem Rechner, ist von Vorteil, aber nicht zwingend notwendig. Kenntnisse in Bezug auf Simulation werden nicht vorausgesetzt, es sollte aber ein thematisches Orientierungs- und Konzeptwissen zum Thema *Produktion und Logistik* vorhanden sein.

Die Zielhierarchie präsentiert die möglichen Sichtweisen auf die Domäne und splittet sie in die drei Zugänge *Grundwissen*, *Theorie* und *Praxis*. Der Benutzer kann sich durch die Auswahl des ersten Teilzieles das Grundwissen über das Thema Simulation aneignen. Die Teilziele Theorie und Praxis vermitteln dem Lernenden theoretisch-abstrakte Konzepte bzw. praktisch-konkrete Aspekte.

Durch eine große Anzahl von Wisseneinheiten soll dem Anwender die Thematik Simulation bis ins Detail erläutert werden. Dabei gliedern sich die Präsentationseinheiten in Beschreibungen, Definitionen, Beispiele, Zusammenfassungen und Aufgaben, die mit unterschiedlichen multimedialen Einheiten wie Texte, Bilder, Animationen und Videos dargestellt werden. Um den Kursablauf abwechslungsreich zu gestalten und neben dem Lernen die Motivation zu steigern, sollen auch externe Programme und Applikationen aus dem Bereich Simulation integriert werden.

Zur Zeit sind für die Zielüberprüfung die Aufgabentypen Multiple-Choice und Right-Wrong im Kurs integriert. Zusätzlich sollen textnumerische Wissensabfragen und Aufgaben, die eine freie Beantwortung verlangen, eingefügt werden, um den Lernvorgang zu intensivieren. Um das virtuelle Schulungszentrum zu realisieren und zu unterstützen, sollen Gruppenaufgaben präsentiert werden.

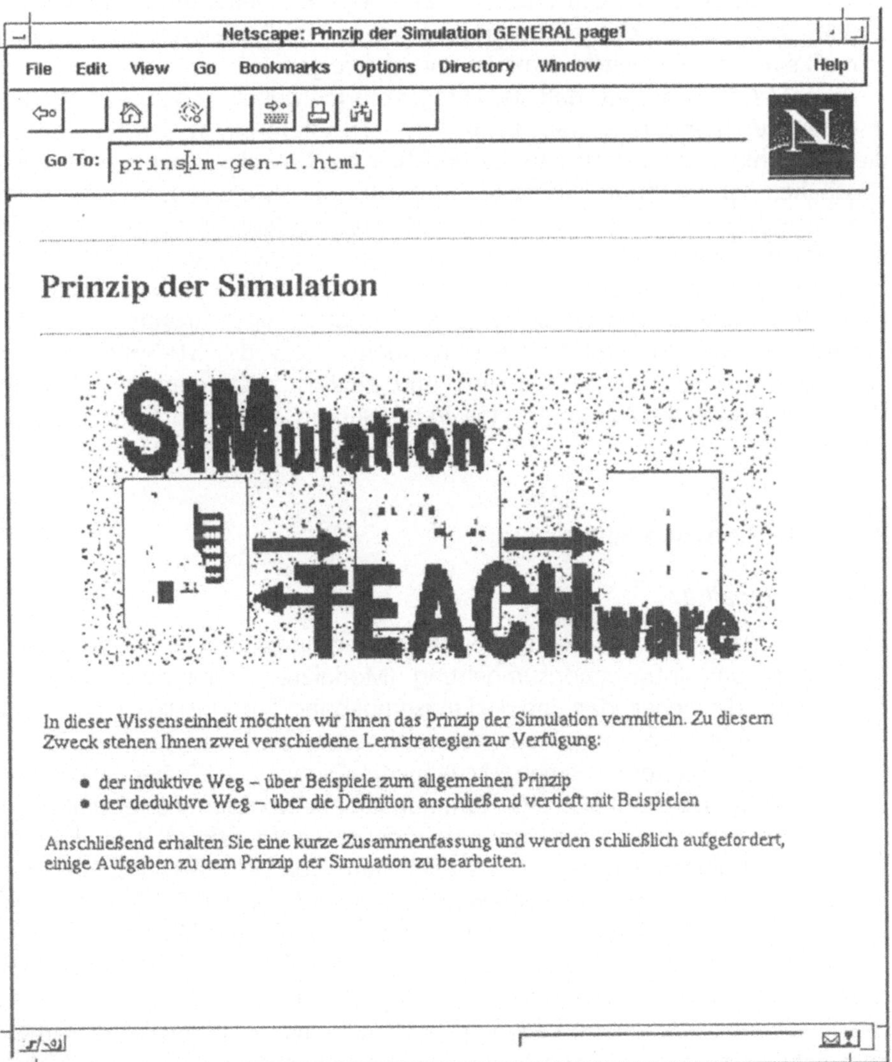

Abb. 3.6.1 Seite aus dem Logistik-Kurs

Kooperationspartner im Bereich Logistik ist die SDZ GmbH (Simulations- und Dienstleistungszentrum) mit Sitz in Dortmund, die sowohl als Kursanbieter als auch als Kursanwender auftritt. Die SDZ GmbH ist ein auf den Einsatz der Simulationstechnik spezialisiertes Beratungsunternehmen, das vorwiegend Fragestellungen aus dem Bereich Logistik bearbeitet. Die Schwerpunkte des Unternehmens liegen in der Erbringung von Dienstleistungen, der Entwicklung individueller Simulationssoftware, dem Vertrieb von Standardsoftware und in der Veranstaltung von Schulungen und Seminaren. Die SDZ GmbH möchte in Zukunft ihre Dienstleistungen und ihr Schulungsangebot vermehrt über Netze anbieten, so daß mit Hilfe des STI-Systems eigene Produkte dem Schulungsteilnehmer vorgestellt und vertraut gemacht werden können. Das System erhält durch die Lerneradaptivität eine große Bedeutung. Das Verhalten des Schülers oder des Informationssuchenden muß bewertet werden, und es muß eine entsprechende Reaktion darauf erfolgen.

Die SDZ GmbH betont, daß der Lernprozeß individuell losgelöst von Raum und Zeit durchgeführt werden kann. Das Lernsystem bietet dem Lernenden die Möglichkeit der Selbstkontrolle und ist eine sinnvolle Ergänzung zu den klassischen Lernmethoden wie z.B. Seminare oder Workshops, ersetzt diese aber nicht. Ziel ist die Unterstützung und Beratung (auf Wunsch auch durch einen menschlichen Tutor oder online-Beratung) bei der täglichen Arbeit, um Probleme schneller zu lösen und damit den Arbeitsprozeß zu beschleunigen. Einen hohen Stellenwert erhält dabei das Lernen in einer Gruppe, wobei die Teilnehmer räumlich verteilt sind. Durch den Einsatz des STI-Systems fallen Lern- und Arbeitsprozesse räumlich und zeitlich zusammen, so daß die Verbesserung der Lernsituation eine Verbesserung des Arbeitsprozesses mit sich bringt.

3.6.4 Technische Realisierung

Die Funktionalität

Zur Unterstützung der technischen Anforderungen aus STI wurde eine Schulungs- und Informationsumgebung (Modulares Trainingssystem MTS) geschaffen, die neben der Entwicklungsumgebung zur Erstellung der Kurse einen Kursserver, bestehend aus Verwaltungsbackend und pädagogischem Backend (Tutorsystem), einen Multimedia-Client zur Präsentation der Lerneinheiten und eine Netzwerk-Kommunikations-Komponente enthält.

Die Kernfunktionalität der Lernumgebung ist die Konfiguration und Steuerung von Schulungssitzungen, die Bereitstellung von Lernzielkontrollen sowie die Unterstützung einer netzwerkweiten Verwendung des STI-Systems. Das MTS bildet die Grundlage der verteilten Schulungssitzung in WANs.

Mit Hilfe des MTS werden vier verschiedene Lernkonzepte realisiert: Standalone Learning, Interactive Lecturing, Remote Teaching und Group Learning. Beim Standalone Learning und Interactive Lecturing können mehrere Schüler parallel an einem Kursserver arbeiten und über Audio/Video-Verbindung mit dem Tutor kommunizieren oder per Email dem Tutor Nachrichten zusenden. Innerhalb der Lernkonzepte Remote Teaching und Group Learning wird die Kommunikation zwischen Schulungsteilnehmern und Tutor, vor allem aber die Kommunikation der Schulungsteilnehmer untereinander und die Interaktion der verteilten Rechner in den Vordergrund gestellt. Damit wird das virtuelle Klassenzimmer oder das virtuelle Schulungszentrum geschaffen. Zur Unterstützung von Remote Teaching und Group Learning werden Multipoint-Kommunikationsmechanismen sowie Funktionen zur Gruppenarbeit integriert.

Einem neuen Kursanwender werden zu Beginn der Kursbearbeitung alle Gruppen bekannt gegeben und er hat die Möglichkeit, sich über den Tutor einer Gruppe anzuschließen. Zu einem beliebigen Zeitpunkt kann er aus einer Gruppensitzung ausscheiden. Daraus ergeben sich folgende funktionale Anforderungen an das MTS: der Tutor muß über Audio und Video mit den Schulungsteilnehmern kommunizieren können und er muß für jeden einzelnen den Lernprozeß verfolgen können. Bearbeitet eine Gruppe von Schülern eine Lerneinheit gemeinsam, muß die Sicht auf das Kursmaterial synchronisiert sein. Hierzu werden die Funktionalitäten von Application Sharing, Audio-/Video-Broadcasting, Screen Sharing, Audio-/Video-Kommunikation, Multiple Cursors und Rollenverteilung verwendet.

Das Einbinden von menschlichen Ansprechpartnern und die Möglichkeit der Diskussion in einer Gruppe bewirkt eine effizientere Wissensvermittlung als herkömmliche rechnergestützte Trainings-Systeme.

Hard-und Software-Voraussetzungen

Zum Betrieb der verteilten STI-Systeme sind technische Grundlagen im Bereich Telekommunikationsinfrastruktur und Rechnersysteme zu schaffen. Für die Kommunikation zwischen den beteiligten FhIs und den kleinen und mittleren Unternehmen ist ein ISDN-Anschluß (S_0 oder S_{2M}) zu installieren. Als Server-Maschinen kommen bei den FhIs vorhandene Sun-Workstations zum Einsatz, als Client-Maschinen bei den Nutzern werden PCs sowie ebenfalls Sun-Workstations verwendet. Die zum Betrieb erforderliche Sonderausstattung der Client-Maschinen hängt fast ausschließlich von den Anforderungen der Kommunikationstools ab. Das STI fordert lediglich für PCs eine Soundblaster-kompatible Audio-Karte für die Tonausgabe. Auf Sun-Workstations wird hierfür die serienmäßige Audio-Karte genutzt.

Alle verwendeten Rechner (PC oder Sun-Workstation) müssen multitasking-fähig sein und multimedialen Ansprüchen genügen, d.h. sie müssen mit Multimedia-Werkzeugen wie Audio-Karte, videofähiger Grafikkarte, Kopfhörer, Mikrofon und Videokamera ausgestattet sein. Weitere Forderungen bestehen in Bezug auf Netzwerkfähigkeit (Ethernet- und/oder ISDN-Adapter) und Bildschirmauflösung (1024x768).

PCs sollten mindestens einen Intel 80486 DX oder gleichwertigen Prozessor und mindestens 8 MB Hauptspeicher besitzen. Sun-Workstations sollten über einen SPARC-10 Prozessor und 32 MB Hauptspeicher verfügen.

Auf PCs wird MS-DOS 6.22 / MS-Windows 3.1x oder Win 95 als Betriebssystem und grafische Oberfläche verwendet. Für die Multimedia-Komponenten müssen die entsprechenden Treiber und für die Netzwerkprotokolle die Software installiert sein.

Auf Sun-Workstations wird SunOs 4.1.3, Solaris oder IRIX als Betriebssystem und X11R5 als grafische Benutzeroberfläche verwendet. Hier müssen ebenfalls Treiber für die Multimedia-Komponenten und Netzwerkadapter vorliegen.

Zur Präsentation des multimedialen Lernmaterials wie Audio- und Video-Sequenzen sowie zur Online-Audio und Video-Kommunikation bedient sich das MTS externer, frei verfügbarer Programme wie zum Beispiel die MBone-Tools VIC (Video Conference), VAT (Visual Audio Tool) und NV (Network Video) für Sun-Workstation.

Kurserstellung und -nutzung

Material wird in Standardformaten repräsentiert und unabhängig vom Kursskript in einer Multimedia-Datenbank gespeichert. Damit wird deren Wiederverwendbarkeit sichergestellt und der Aufwand zur Generierung einer Wissenseinheit reduziert, da jede Ressource nur einmal vorhanden ist. Für den Autor erleichert sich auf diese Weise der Aufbau des Kurses, weil er sich zum Zeitpunkt der Ressourcenerstellung noch keine Gedanken über das Layout einer Präsentationseinheit oder einer einzelnen Seite machen muß.

Mit Hilfe einer Kursentwicklungsumgebung wird das Kursdesign in Form eines Skriptes beschrieben, in der alle Objekte und deren Abhängigkeiten definiert sind. Der Ablauf einer Sitzung wird auf Basis dieses Kursskriptes zur Laufzeit vom Kursserver in Abhängigkeit von der Schüleraktionen geplant und konfiguriert. Der Kursserver präsentiert das Material auf dem Kursclient. Neben dem Materialpräsentation stehen dem Schüler Navigationshilfsmittel zur Verfügung, die einen gezielten Zugang zu einzelnen Einheiten und verschiedene Sichten auf die zu vermittelnde Domäne zulassen. Bei der Auswertung von Schüleraktionen verwendet der Kursserver Lernzielkontrollen in Form von Aufgaben verschiedenen Typs, um auf Basis des Schülerwissensstandes weitere Lernsequenzen zu planen.

Konzept

Es liegen zwei Varianten des MTS vor. Die erste Version basiert auf dem am IGD entwickelten Generischen Lernsystem (GLS), das als multimedialer Client zur Kurspräsentation und Benutzerinteraktion eingesetzt wird und die grafische Oberfläche realisiert. Aufgrund der daraus resultierenden Erkenntnisse und der Forderungen der Anwender nach einer stärkeren Beachtung gängiger Standards von verteilten multimedialen Anwendungen fand eine Weiterentwicklung des Systems mit einem Plattformwechsel statt. Diese zweite Variante basiert auf World Wide Web (WWW). Im Folgenden werden die beiden Systeme kurz mit GLS-MTS und WWW-MTS bezeichnet.

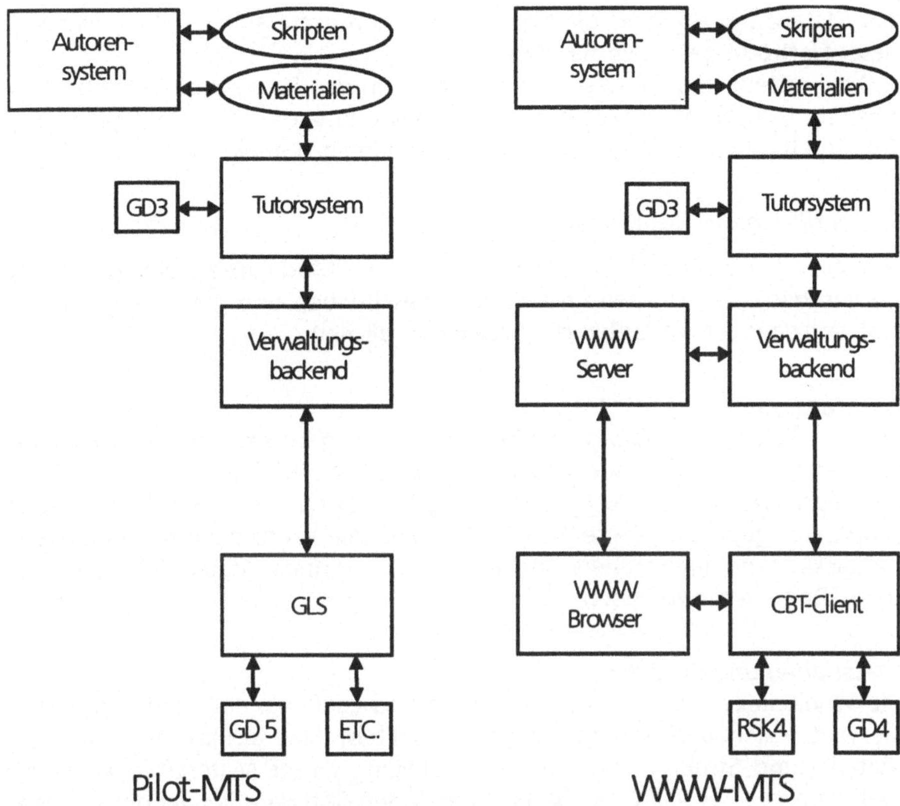

Abb. 3.6.2 Gegenüberstellung der Architekturen des GLS-MTS und des WWW-MTS

Abb. 3.6.2 zeigt die Grundstruktur der beiden Systeme. Der Hauptunterschied des WWW-MTS zum GLS-MTS (Pilot-MTS), der gleichzeitig einen großen Vorteil darstellt, liegt hauptsächlich im Einsatz standardisierter WWW-Mechanismen für den Materialzugriff und die Präsentation. Die Präsentation der Kursmaterialien und die Interaktionen erfolgen mit Hilfe des Netscape-Clients. Der CBT(computer based training)-Client dient nur zur Anbindung von Funktionen, die für die Kommunikation benötigt werden und so das Gruppenlernen realisieren. Es kann auf diese Komponente also auch verzichtet werden, weil die kompletten Steuerungs- und Navigationsfunktionen als Erweiterung zum Netscape-Client zur Verfügung gestellt werden. Die Funktionalität reduziert sich im Vergleich zum GLS-MTS.

In der ersten Version des MTS diente das GLS als Frontend, das die gesamte Funktionalität für die Dialoggestaltung und die Kommunikation mit dem Anwender realisiert. Durch die Integration des MTS in die WWW-Technologie können die verfügbaren WWW-Server und -Browser mit ihrer Funktionalität verwendet werden. Die lernspezifischen Funktionen des Kursservers werden als Erweiterungen implementiert und über die standardisierte Schnittstelle CGI an den WWW-Server angeschlossen. Die Netzwerkfunktionalität für den Materialtransfer und die clientseitige Plattformunabhängigkeit sind auf dieser Plattform bereits vorhanden.

Das Konzept und die gesamte Funktionalität des Tutorsystemkerns bleiben erhalten: das Lernen erfolgt benutzeradaptiv und wird vom Server gesteuert, Kursstruktur, Layout und Material sind unabhängig voneinander.

Beschreibung der Komponenten

Zum besseren Verständnis des Grundprinzips des Modularen Trainingssystems werden die Komponenten im einzelnen beschrieben und gleichzeitig für die zwei vorliegenden Varianten des Systems verglichen.

Autorensystem

Mit der Autorenumgebung werden die Schulungskurse und deren Abläufe definiert. Innerhalb dieser Umgebung wird das Material mit dem Kurs verknüpft und die für die Kurssteuerung benötigten Daten werden in einer Skriptdatei gesichert. Diese Skriptdatei wird zur Laufzeit vom Tutorsystem eingelesen und interpretiert. Im WWW-MTS können Materialien auch als HTML-Dokumente vorliegen.

Materialien und Skripte

Die Schnittstelle zwischen Autorensystem und Laufzeitumgebung wird durch die Materialien und Skripte definiert. Damit ist eine strikte Trennung von Material und Struktur gegeben. Zur Erstellung dieser Materialien kann die herkömmliche Text-, Grafik-, Audio- und Video-Software verwendet werden. Das Kursmaterial selbst besteht aus einzelnen unverbundenen Komponenten wie Texten, Bildern, Animationen usw. Im WWW-MTS können Kursautoren komplette HTML-Seiten als Materialien ablegen. Dies ist technisch kein Problem, da nur Texte direkt eingebunden werden; Bilder, Audiosequenzen und Animationen dagegen nur referenziert werden und daher auch nur einmal Ressourcen belegen.

Tutorsystem

Das Tutorsystem sorgt im Hintergrund dafür, daß aufgrund der in diesem Modul hinterlegten didaktischen Regeln und Konzepte eine Sequenz von Präsentationseinheiten gebildet wird und der Sitzungsverlauf kontrolliert wird. Der Benutzer kann sich in ihn interessierende Sachgebiete einarbeiten, wobei das Tutormodul unter Auswertung der vorhandenen Ressourcen, des Schülerwissenstandes und seiner Vorkenntnisse Lehrsequenzen nach Inhaltes und Präsentationsform individuell konfiguriert. Unter Verwendung des tutoriellen Wissens ist es möglich, verschiedene Lehrmodi einzusetzen und diese zur Laufzeit dem Kursanwender angepaßt und individuell zu instanziieren. Es wird zwischen folgenden Modi unterschieden:

- minimaler Modus: kürzest mögliche und sinnvolle Sequenz
- maximaler Modus: längste mögliche und sinnvolle Sequenz

- induktiver Modus: vom Bekannten zum Neuen
- deduktiver Modus: vom Abstrakten zum Konkreten

Das Tutorsystem steuert darüber hinaus die gesamte Prozeßkommunikation zwischen den internen Komponenten und dem Frontend. In diesem Modul ist für das WWW-MTS die Schnittstelle zum Verwaltungsbackend.

Verwaltungsbackend
Wichtige Komponenten des Verwaltungsbackends sind die Gruppenverwaltung, das Session Management sowie die Funktionen zur Kommunikation und Kooperation. Das Verwaltungsbackend enthält die Schnittstelle zum Tutorsystem und hat die Aufgabe, die verschiedenen Clients den parallel laufenden Instanzen des Tutorsystems zuzuordnen, so daß für das jeweilige Tutorsystem nur ein Client sichtbar ist. Das Modul erhält im WWW-basierten MTS über CGI eine Schnittstelle zum WWW-Server.

GLS
Das GLS wird auf dem Client installiert und stellt mit seiner grafischen Oberfläche das Endsystem für den Benutzer dar. Diese Komponente übernimmt die gesamte Dialoggestaltung und Interaktion mit dem Anwender und präsentiert dem Schüler das multimediale Lehrmaterial bestehend aus Texten, Bildern und Animationen. An der Oberfläche werden zwei Fenster angezeigt, das Präsentationsfenster zur Darstellung der Präsentations- und Aufgabenseiten, das Navigationsfenster, das der Auswahl, Steuerung und Navigation innerhalb des Kurses dient. Im WWW-MTS wird diese Komponente durch den WWW-Browser und den CBT-Client ersetzt.

WWW-Server
Es kann ein beliebiger WWW-Server eingesetzt werden, der CGI unterstützt. Den Kursentwicklern wird eine Schnittstelle zur Multimedia-Datenbank bereitgestellt, um die Kurse und das Material mit den zugehörigen Beschreibungen abzulegen. Das Problem eines sicheren Zugangs zu einem WWW-Server wird über ein Proxy-Server-Konzept gelöst, das im Generischen Dienst Sicherheit integriert ist.

HTML-Browser
Als Browser wird der Netscape-Browser 2.0 festgelegt, weil zur Zeit nur dieser die vom System benötigten Funktionen wie Java und Frames zur Verfügung stellt. Die Eigenentwicklungen beschränken sich auf die lernspezifischen Client- und Server-Erweiterungen, weil die Netzwerkfunktionalität zum Materialtransfer und zur Sicherheit im WWW integriert sind. Die Festlegung auf Netscape ist unproblematisch, da Netscape sehr weit verbreitet ist.

CBT-Client
Der CBT-Client dient zur Anbindung weiterer Systemfunktionalitäten. Damit

können andere COBRA-Komponenten wie Sicherheit und Gebühren integriert werden. Insbesondere die Client-Funktionen zur Gruppenarbeit (Application Sharing, Multipoint-Kommunikation) werden hier realisiert.

Laufende und zukünftige Arbeiten

Zur Zeit findet die Implementierung des Feldphasensystems statt. Dies beinhaltet Weiterentwicklungen und Modifikationen bestehender Module aus der Pilotphase sowie Neuentwicklungen, die auf die in der Feldphase vorgesehenen neuen Funktionalitäten wie insbesondere Gruppenlernen zugeschnitten sind.

Mit Abschluß der Implementierung werden die Systeme bei den beteiligten Partner-Unternehmen installiert und angewendet. Hier findet gegenüber der Evaluation der Pilotphase ein erweiterter Test statt, da eine Reihe der beteiligten Unternehmen nun nicht nur die Rolle des Anwenders, sondern auch die des Providers übernehmen und so das Testfeld erweitern.

Mit der Umstellung der Architektur auf ein WWW-basiertes Konzept konnten einige Evaluationsergebnisse der Pilotphase bereits aufgegriffen werden. In der Evaluation der Feldphase geht es daher zum einen um die Überprüfung der modifizierten Funktionalitäten aus der Pilotphase sowie zum anderen um die neuen Konzepte und den sich daraus ergebenden Funktionalitäten (wie beispielsweise für das Gruppenlernen).

Darüber hinaus wird mit den zur Zeit verfügbaren Komponenten gezielt das Gespräch mit Anbietern auf dem Sektor betrieblicher und anderer Weiterbildungsmaßnahmen gesucht.

Hinweise zur Präsentation auf der beiliegenden CD-ROM

Auf der CD-ROM finden Sie ein Video, daß exemplarisch einen Ausschnitt aus einer Anwendungs-Sitzung zeigt. Anhand einer kleinen Wisseneinheit des Kurses über Simulation in der Logistik wird ein Eindruck des Systems vermittelt. Auch eine Anfrage an einen menschlichen Tutor über Online-Videokonferenz wird gezeigt.

Kontaktadresse

Fraunhofer Institut für Materialfluß und Logistik, IML
Fraunhofer-Str. 2-4, 44227 Dortmund
Dipl.-Inform. Matthias Kloth
Tel.: 0231/9743-201
Fax: 0231/9743-234
Email: kloth@iml.fhg.de

4 Literaturverzeichnis

Literatur zu Kapitel 2.2

2.2.1 Hutzel D (1995) Das Rollenkonzept, Entwurf einer Zugriffskontrolle in der Multimedia Datenbank. In: Interner Bericht, Projekt COBRA-3, Fraunhofer-Institut IITB,. Karlsruhe

2.2.2 Hutzel D (1996) Ergänzung zum Rollenkonzept. In: Interner Bericht, Projekt COBRA-3, Fraunhofer-Institut IITB, Karlsruhe

Literatur zu Kapitel 2.3

2.3.1 Brunner H (1996) Kriterien zur Auswahl einer Objektdatenbank. In: Computerwoche - Sonderdruck aus den Ausgaben 3 und 4, Januar 1996.

2.3.2 Hutzel D. (1995) Das Rollenkonzept, Entwurf einer Zugriffskontrolle in der Multimedia Datenbank. In: Interner-Bericht, Projekt COBRA-3, Fraunhofer-IITB, Karlsruhe, September 1995

2.3.3 Versant Object Technology (1995) In: VERSANT Concepts and Usage. Versant Object Technology, Menlo Park, U.S.A., July 1995

Literatur zu Kapitel 2.4

2.4.1 Berners L et al (1996) Hypertext Transfer Protocol – HTTP/1.0. Request for Comments 1945, ftp://ftp.internic.net/rfc/rfc1945.txt

2.4.2 Dörner R (1996) Vergleich von WWW-Servern. In: Fraunhofer-Bericht 96i004-Fraunhofer-IGD

2.4.3 Elcacho C (1996) HTML-Editoren – Evaluierung von HTML-Editoren unter Berücksichtigung der Anforderungen des COBRA-3 Projektes. In: Fraunhofer-Bericht 96i002-Fraunhofer-IGD

2.4.4 Elcacho C (1996) WWW-Browser – Evaluierung von WWW-Browsern unter Berücksichtigung der Anforderungen des COBRA-3 Projektes. In: Fraunhofer-Bericht 96i003-Fraunhofer-IGD

Literatur zu Kapitel 2.5

2.5.1 Linn J (1993) RFC 1508 - Generic Security Service Application Programming Interface. Network Working Group

2.5.2 Schneier B (1996) Applied Cryptography´. John Wiley & Sons, Inc., New York

Literatur zu Kapitel 3.1

3.1.1 Beyer D, Gerhards M, Reimann P, Seetzen R (1996) Multimedia-Dirigenten. In: c't, Heft 3/1996. Heise Verlag, S 174

3.1.2 Blattner M, Dannenberg R (1992) Multimedia Interface Design. ACM Press, New York

3.1.3 Casali S, Williges R (1990) Data Bases of Accomodative Aids for Computer Users with Disabilities. In: Human Factors Society: Human Factors, Special Issue

3.1.4 Carruthers S, Humphreys A, Sandhu J (1993) The Market for R.T. in Europe: a Demographic Study of Need. In: Rehabilitation Technology, Strategies for the European Union, Proceedings of the 1st TIDE Congress. April 1993, Brussels, IOS Press, Amsterdam

3.1.5 Club Behinderter und ihrer Freunde in Darmstadt und Umgebung e.V.(1993) REHA -Technische Hilfsmittel für Behinderte. In: Gesellschaft für Betriebswirtschaftliche Information mbH, GBI-Nachrichten 2/93, Katalog 1993, München

3.1.6 Human Factors in Telecommunications. Proceedings of the 14th International Symposium. Darmstadt 1993. R.v.Decker's Verlag, G.Schenck GmbH, Heidelberg 1993

3.1.7 INCAP Christoph Jo. Müller GmbH (1995) Computer Hilfsmittel für Behinderte. Katalog 1995/1996

3.1.8 Kurzinformation zum Modell- und Forschungsprojekt: Handicap-II, EDV gestützte Dokumentation und Beratung, Technische Hilfen für behinderte Menschen. Universität Hamburg, Institut für Soziologie, Rehabilitationsforschung. Hamburg, Februar 1989

3.1.9 Mehnert M (1990) Warum kannst Du nicht fliegen. Verlag für Medienpraxis und Kulturarbeit, Ludwigshafen

3.1.10 Ministerium für Arbeit, Gesundheit und Sozialordnung Baden-Württemberg (1992) Neuordnung der ambulanten Hilfen: Ausbau, Weiterentwicklung, Finanzierung. SM-15-92, Stuttgart

3.1.11 Mitteilungen aus den Datenbanken REHADAT, PRODIS u.a. 4/90. Herausgegeben vom Institut der deutschen Wirtschaft, Hauptabteilung Bildung und Gesellschaftswissenschaften, Köln

3.1.12 Philippen D (1990) Reha-Datenbanken - Sind sie benutzerfreundlich? In: Leben und Weg 3/90, Magazin körperbehinderter Menschen für selbstbestimmtes Leben. Bundesverband Selbsthilfe Körperbehinderter e.V.

3.1.13 Schubert M (1996) Vernetzung der Pflege. In: SOCIALimages 3/96

3.1.14 Wieland K (1992) Technische Arbeitshilfen; Handbuch zur ergonomischen und behinderungsgerechten Gestaltung von Arbeitsplätzen. Schriftenreihe der Bundesanstalt für Arbeitsschutz, Forschungsanwendung Fa 18. Wirtschaftsverlag NW, Dortmund

Literatur zu Kapitel 3.4

3.4.1 Burblies A (1995) Die Ost-Connection. In: iX-Magazin, Heise, 7/1995, S. 102-104

3.4.2 Buxbaum O (1996) Betriebsfestigkeit - Sichere und wirtschaftliche Bemessung schwingbruchgefährdeter Bauteile. Verlag Stahleisen, Düsseldorf, 3. Auflage

3.4.3 Dai F, Felger W, Frühauf Th, Göbel M, Reiners D, Zachmann G (1996) Virtual Prototyping Examples in Automotive Industires. In: Proceedings Virtual Reality World '96, Stuttgart, 13.-15. Feb. 1996

3.4.4 Dai F, Reindl P (1996) Enabling Digital Mock-Up with Virtual Reality Techniques - Visison, Concept, Demonstrator. In: Proceedings ASME Design for Manufacturing Conferences, Irvine, CA, USA, 18.-22. Aug. 1996

3.4.5 Frühauf T, Göbel M, Haase H, Karlsson K (1994) Design of a flexible monolithic visualization system. In: Rosenblum et al. (Hrsg.) Scientific Visualization - Advances and Challenges, Academic Press, S. 265-285

3.4.6 Haase H (1996) Symbiosis of Virtual Reality and Scientific Visualization System. In: Proceedings Eurographics '96, Poitiers, Frankreich, 26.-30. August 1996

Literatur zu Kapitel 3.5

3.5.1 Arnold D (1989) Logistik in den 90er Jahren: Auf dem Weg zum autonomen Materialfluß. In: Logistik im Unternehmen 11/12, S 7-8

3.5.2 Baumgarten H (1989) Logistik in den 90er Jahren: Binnenmarkt, Dienstleister, Strategien und Technologien bestimmen den Trend. In: Logistik im Unternehmen 11/12, S 8-10

3.5.3 BMFT (1992) Bundesminister für Forschung und Technologie: Zukunftskonzept Informationstechnik

3.5.4 BSL (1990) Bundesverband Spedition und Lagerei e.V., Strukturdaten aus Spedition und Lagerei

3.5.5 Bullinger H.-J, Fröschle H.-P, Brettreich-Teichmann W (1993) Informations- und Kommunikationsinfrastrukturen für innovative Unternehmen. In: zfo 4, S 225-234

3.5.6 CE&CALS 1992: Conference Proceedings on Concurrent Engineering and Computer-aided Acquisition and Logistics Support. Washington D.C

3.5.7 CMSO 1992 ESPRIT II Project 2277 – CIM for Multi-Supplier Operations – Final Report

3.5.8 COBRA-3 (1994) COBRA-3-Studie der Fraunhofer Gesellschaft im Auftrag der DeTeBerkom. Darmstadt

3.5.9 Filbert W (1993) Mobil bringt viel. In: Office Management 4, S 16-19

3.5.10 Goldfarb C.F. (1992) The SGML Handbook. Oxford University Press

3.5.11 Grohs A (1993) Alle Dienste aus einer Hand. Business Computing 7, S 118-119

3.5.12 Jünemann R (1989) Logistik in den 90er Jahren: Logistik als Schlüssel zum Unternehmenserfolg. In: Logistik im Unternehmen 11/12, S 10-14

3.5.13 Jünemann R (1991) Logistik auf neuen Wegen. In: Fördertechnik, S 6-13

3.5.14 Maier-Rothe Chr (1989) Logistikstrategien der 90er Jahre: Mit höherer Integration zu niedrigeren Kosten und besserem Kundenservice. In: Tagungsband zum Deutschen Logistik-Kongreß 1989 der Bundesvereinigung Logistik, S 593-620

3.5.15 Mertens P, Scheuerer A (1993) Beiträge der Informationsverarbeitung zum Umweltschutz. Wirtschaftsinformatik 35 4, S 371-385

3.5.16 Müller-Berg M (1992) Electronic Data Interchange (EDI) – Neue Kommunikationstechnologien gewinnen zunehmend an Bedeutung. In: Zeitschrift für Fabrikorganisation 3, S. 178-185

3.5.17 Pällmann W (1993) Innovationen auf dem Gebiet der Telekommunikation optimieren Logistikprozesse. In: Tagungsband zu den 11. Dortmunder Gesprächen, 13./14.10.1993

3.5.18 Ricke H, Kanzow J (1991) Breitbandkommunikation im Glasfasernetz. R. v. Decker's Verlag

3.5.19 Rockholz A (1994) Abfallvermeidung mit der IHK-Recyclingbörse. In: IHK-Journal 1, S 12

3.5.20 Schäfer J (1993) POLIKOM: Das innovationsorientierte Programm zur Telekooperation auf der Grundlage multimedialer Informationstechnik-Systeme. In: Der GMD-Spiegel 1, S 17-25

3.5.21 Schmitz U (1994) Auffahrt zum Daten-Highway: Wegweisend. In: iX 12, S 42-50

3.5.22 Schneider G (1995) Eine Einführung in das Internet. In: Informatik Spektrum 18, S 263-271

3.5.23 Strebel H (1990) Integrierter Umweltschutz – Merkmale, Voraussetzungen, Chancen. In: Hartmut Kreikebaum (Hrsg.) Integrierter Umweltschutz – Eine Herausforderung für das Innovationsmanagement. Gabler, Wiesbaden

3.5.24 Strebel H, Schwarz E (1994) Verwertungszyklen – Rückstandsverwertung im Rahmen kooperativer Industriesysteme. In: Zeitschrift für Organisation 4, S 244-248

3.5.25 Thiele T, Thierer M (1988) ISDN aus der Sicht eines Herstellers; Bedeutung der digitalen Kommunikation für die Informationslogistik. In: Logistik im Unternehmen 8, S 11-12

3.5.26 VDA Verband der Automobilindustrie e.V. (1991): VDA 4900 – Datenfernübertragung von Odette-Nachrichten. VDA-Arbeitskreis „Vordruckwesen/Datenaustausch" (VDA-AKVD), Frankfurt

3.5.27 o. V. (1993) Reizvoller Ansatz mit Euro-LOG. In: Materialfluß 1/2, S 14-18

3.5.28 o. V. (1993) Statistisches Jahrbuch 1993 für die Bundesrepublik Deutschland, Wiesbaden

Literatur zu Kapitel 3.6

[3.6.1] Lück W van (1996) Lehrerinnen und Lehrer im Jahr 2010 - Brauchen wir Multimediapädagogen? In: Die Informationsgesellschaft, Report des Bundesministerium für Wirtschaft, Bonn, S. 30 f

[3.6.2] Stransfeld R, Keller M, Vopel R (1995) *Multimedia in geschäftlichen Anwendungen. In:* Gutachten im Auftrag des Büros für Technikfolgen-Abschätzung beim Deutschen Bundestag, VDI/VDE Technologiezentr. Informationstechnik GmbH, Teltow

Springer und Umwelt

Als internationaler wissenschaftlicher Verlag sind wir uns unserer besonderen Verpflichtung der Umwelt gegenüber bewußt und beziehen umweltorientierte Grundsätze in Unternehmensentscheidungen mit ein. Von unseren Geschäftspartnern (Druckereien, Papierfabriken, Verpackungsherstellern usw.) verlangen wir, daß sie sowohl beim Herstellungsprozess selbst als auch beim Einsatz der zur Verwendung kommenden Materialien ökologische Gesichtspunkte berücksichtigen. Das für dieses Buch verwendete Papier ist aus chlorfrei bzw. chlorarm hergestelltem Zellstoff gefertigt und im pH-Wert neutral.